Mastering Times 0 - 12

By April Chloe Terrazas

0, 1	pages 2 - 9	7	pages 70 - 81
2	pages 10 - 21	8	pages 82 - 93
3	pages 22 - 33	9	pages 94 - 105
4	pages 34 - 45	10	pages 106 - 117
5	pages 46 - 57	11	pages 118 - 129
6	pages 58 - 69	12	pages 130 - 141

How to use this book to make the MOST IMPROVEMENT:

Time yourself on EACH PAGE and record the time on the top of the page.
Before you time yourself on the page, review the tables that are on the current page aloud,
making sure you know them before you begin.

You are AWESOME for taking the time to improve your multiplication skills.
This will help you be a strong math student throughout school.

My name is April and I have been a teacher since 2004. I timed myself and the
fastest time I can do a page is 21 seconds. CAN YOU BEAT MY TIME??

Start off with the goal of finishing a page in TWO MINUTES,
then shorten that goal to ONE MINUTE, then 45 SECONDS, and less and less.

Practice will make you AMAZING.

Mastering Times Tables 0 - 12
April Chloe Terrazas, BS University of Texas at Austin, Mathematics Teacher since 2004.
Copyright © 2015 Crazy Brainz, LLC
ISBN#: 978-1-941775-28-8

Visit us on the web! www.Crazy-Brainz.com

Cover design, illustrations and text by: April Chloe Terrazas

You CAN do it!

0 x 1	1 x 3	1 x 2	0 x 1	1 x 2	0 x 3	1 x 0
0 x 5	1 x 3	2 x 1	3 x 0	1 x 3	0 x 4	4 x 0
1 x 4	3 x 1	1 x 4	5 x 1	1 x 0	4 x 1	1 x 3
3 x 0	4 x 1	1 x 3	6 x 1	1 x 6	0 x 5	6 x 1
0 x 5	1 x 4	2 x 1	5 x 0	1 x 3	0 x 4	4 x 0
1 x 4	3 x 1	1 x 4	5 x 1	1 x 0	2 x 1	1 x 3
3 x 0	4 x 1	1 x 3	6 x 1	1 x 6	0 x 5	6 x 1
0 x 6	1 x 3	2 x 1	3 x 0	1 x 6	0 x 4	5 x 1

YOU = AMAZING!

0 x 5	1 x 3	2 x 1	3 x 0	1 x 3	0 x 4	4 x 0
1 x 4	3 x 1	1 x 4	5 x 1	1 x 0	2 x 1	1 x 3
0 x 1	1 x 3	1 x 2	0 x 1	1 x 2	0 x 3	1 x 0
0 x 5	1 x 3	2 x 1	3 x 0	1 x 3	0 x 4	4 x 0
3 x 0	4 x 1	1 x 3	6 x 1	1 x 6	0 x 5	6 x 1
0 x 1	1 x 3	1 x 2	0 x 1	1 x 2	0 x 3	1 x 0
0 x 6	1 x 3	2 x 1	3 x 0	1 x 6	0 x 4	5 x 1
0 x 5	1 x 3	2 x 1	3 x 0	1 x 3	0 x 4	4 x 0

You CAN do it!

0 x 5	1 x 3	2 x 1	3 x 0	1 x 3	0 x 4	4 x 0
1 x 4	3 x 1	1 x 4	5 x 1	1 x 0	2 x 1	1 x 3
0 x 1	1 x 3	1 x 2	0 x 1	1 x 2	0 x 3	1 x 0
0 x 5	1 x 3	2 x 1	3 x 0	1 x 3	0 x 4	4 x 0
3 x 0	4 x 1	1 x 3	6 x 1	1 x 6	0 x 5	6 x 1
0 x 1	1 x 3	1 x 2	0 x 1	1 x 2	0 x 3	1 x 0
0 x 6	1 x 3	2 x 1	3 x 0	1 x 6	0 x 4	5 x 1
0 x 5	1 x 3	2 x 1	3 x 0	1 x 3	0 x 4	4 x 0

YOU = AMAZING!

You are AWESOME!

0 x 1	1 x 3	1 x 2	0 x 1	1 x 2	0 x 3	1 x 0
0 x 5	1 x 3	2 x 1	3 x 0	1 x 3	0 x 4	4 x 0
1 x 4	3 x 1	1 x 4	5 x 1	1 x 0	4 x 1	1 x 3
3 x 0	4 x 1	1 x 3	6 x 1	1 x 6	0 x 5	6 x 1
0 x 5	1 x 4	2 x 1	5 x 0	1 x 3	0 x 4	4 x 0
1 x 4	3 x 1	1 x 4	5 x 1	1 x 0	2 x 1	1 x 3
3 x 0	4 x 1	1 x 3	6 x 1	1 x 6	0 x 5	6 x 1
0 x 6	1 x 3	2 x 1	3 x 0	1 x 6	0 x 4	5 x 1

Keep going! >>>

You CAN do it!

1 x 3	4 x 1	1 x 2	0 x 1	1 x 1	5 x 1	1 x 6
0 x 5	1 x 7	4 x 1	8 x 0	1 x 6	0 x 9	9 x 1
1 x 4	5 x 1	1 x 6	3 x 0	7 x 1	9 x 1	1 x 8
3 x 1	7 x 1	1 x 8	9 x 1	1 x 6	0 x 9	8 x 1
1 x 9	1 x 10	11 x 1	6 x 0	8 x 1	12 x 1	10 x 0
7 x 1	9 x 1	1 x 5	8 x 1	1 x 10	12 x 1	1 x 9
3 x 1	11 x 0	1 x 9	8 x 1	1 x 7	0 x 5	6 x 1
9 x 1	7 x 1	12 x 1	11 x 0	1 x 7	0 x 9	10 x 1

YOU = AMAZING!

You are AWESOME!

1	5	1	3	7	9	1
x 4	x 1	x 6	x 0	x 1	x 1	x 8
1	4	1	0	1	5	1
x 3	x 1	x 2	x 1	x 1	x 1	x 6
0	1	4	8	1	0	9
x 5	x 7	x 1	x 0	x 6	x 9	x 1
7	9	1	8	1	12	1
x 1	x 1	x 5	x 1	x 10	x 1	x 9
1	1	11	6	8	12	10
x 9	x 10	x 1	x 0	x 1	x 1	x 0
3	7	1	9	1	0	8
x 1	x 1	x 8	x 1	x 6	x 9	x 1
9	7	12	11	1	0	10
x 1	x 1	x 1	x 0	x 7	x 9	x 1
3	12	1	8	1	0	11
x 1	x 1	x 9	x 1	x 7	x 5	x 1

Keep going! >>>

You CAN do it!

1 x 4	5 x 1	1 x 6	3 x 0	7 x 1	9 x 1	1 x 8
1 x 3	4 x 1	1 x 2	0 x 1	1 x 1	5 x 1	1 x 6
0 x 5	1 x 7	4 x 1	8 x 0	1 x 6	0 x 9	9 x 1
7 x 1	9 x 1	1 x 5	8 x 1	1 x 10	12 x 1	1 x 9
1 x 9	1 x 10	11 x 1	6 x 0	8 x 1	12 x 1	10 x 0
3 x 1	7 x 1	1 x 8	9 x 1	1 x 6	0 x 9	8 x 1
9 x 1	7 x 1	12 x 1	11 x 0	1 x 7	0 x 9	10 x 1
3 x 1	12 x 1	1 x 9	8 x 1	1 x 7	0 x 5	11 x 1

YOU = AMAZING!

1 x 3	4 x 1	1 x 2	0 x 1	1 x 1	5 x 1	1 x 6
0 x 5	1 x 7	4 x 1	8 x 0	1 x 6	0 x 9	9 x 1
1 x 4	5 x 1	1 x 6	3 x 0	7 x 1	9 x 1	1 x 8
3 x 1	7 x 1	1 x 8	9 x 1	1 x 6	0 x 9	8 x 1
1 x 9	1 x 10	11 x 1	6 x 0	8 x 1	12 x 1	10 x 0
7 x 1	9 x 1	1 x 5	8 x 1	1 x 10	12 x 1	1 x 9
3 x 1	11 x 0	1 x 9	8 x 1	1 x 7	0 x 5	6 x 1
9 x 1	7 x 1	12 x 1	11 x 0	1 x 7	0 x 9	10 x 1

You CAN do it!

2 x 1	2 x 2	3 x 2	2 x 3	2 x 3	4 x 2	2 x 2
3 x 2	4 x 2	2 x 4	2 x 3	4 x 2	2 x 4	4 x 2
2 x 3	4 x 2	5 x 2	2 x 5	2 x 2	4 x 2	5 x 2
2 x 5	2 x 4	3 x 2	5 x 2	2 x 2	2 x 3	4 x 2
5 x 2	4 x 2	2 x 3	2 x 5	2 x 4	5 x 2	3 x 2
3 x 2	5 x 2	2 x 3	4 x 2	2 x 5	3 x 2	5 x 2
4 x 2	5 x 2	2 x 3	2 x 2	5 x 2	2 x 4	3 x 2
2 x 5	4 x 2	3 x 2	2 x 5	2 x 2	5 x 2	2 x 4

YOU = AMAZING!

3 x 2	4 x 2	2 x 4	2 x 3	4 x 2	2 x 4	4 x 2
2 x 3	4 x 2	5 x 2	2 x 5	2 x 2	4 x 2	5 x 2
2 x 5	2 x 4	3 x 2	5 x 2	2 x 2	2 x 3	4 x 2
5 x 2	4 x 2	2 x 3	2 x 5	2 x 4	5 x 2	3 x 2
5 x 2	4 x 2	2 x 3	2 x 5	2 x 4	5 x 2	3 x 2
3 x 2	5 x 2	2 x 3	4 x 2	2 x 5	3 x 2	5 x 2
4 x 2	5 x 2	2 x 3	2 x 2	5 x 2	2 x 4	3 x 2
2 x 5	4 x 2	3 x 2	2 x 5	2 x 2	5 x 2	2 x 4

Time: _____

2 x 1	2 x 2	3 x 2	2 x 3	2 x 3	4 x 2	2 x 2
3 x 2	4 x 2	2 x 4	2 x 3	4 x 2	2 x 4	4 x 2
2 x 3	4 x 2	5 x 2	2 x 5	2 x 2	4 x 2	5 x 2
2 x 5	2 x 4	3 x 2	5 x 2	2 x 2	2 x 3	4 x 2
5 x 2	4 x 2	2 x 3	2 x 5	2 x 4	5 x 2	3 x 2
3 x 2	5 x 2	2 x 3	4 x 2	2 x 5	3 x 2	5 x 2
4 x 2	5 x 2	2 x 3	2 x 2	5 x 2	2 x 4	3 x 2
2 x 5	4 x 2	3 x 2	2 x 5	2 x 2	5 x 2	2 x 4

YOU = AMAZING!

You are AWESOME!

3 x 2	4 x 2	2 x 4	2 x 3	4 x 2	2 x 4	4 x 2
2 x 3	4 x 2	5 x 2	2 x 5	2 x 2	4 x 2	5 x 2
2 x 5	2 x 4	3 x 2	5 x 2	2 x 2	2 x 3	4 x 2
5 x 2	4 x 2	2 x 3	2 x 5	2 x 4	5 x 2	3 x 2
5 x 2	4 x 2	2 x 3	2 x 5	2 x 4	5 x 2	3 x 2
3 x 2	5 x 2	2 x 3	4 x 2	2 x 5	3 x 2	5 x 2
4 x 2	5 x 2	2 x 3	2 x 2	5 x 2	2 x 4	3 x 2
2 x 5	4 x 2	3 x 2	2 x 5	2 x 2	5 x 2	2 x 4

Keep going! >>> **13**

You CAN do it!

6 x 2	2 x 6	5 x 2	6 x 2	2 x 4	6 x 2	2 x 6
3 x 2	6 x 2	2 x 6	7 x 2	4 x 2	2 x 5	6 x 2
2 x 7	7 x 2	5 x 2	2 x 6	2 x 7	8 x 2	2 x 8
2 x 7	8 x 2	7 x 2	2 x 8	5 x 2	8 x 2	9 x 2
2 x 9	8 x 2	10 x 2	2 x 8	2 x 7	8 x 2	9 x 2
10 x 2	9 x 2	2 x 7	8 x 2	2 x 5	8 x 2	7 x 2
4 x 2	2 x 9	7 x 2	9 x 2	6 x 2	7 x 2	9 x 2
2 x 5	6 x 2	8 x 2	2 x 7	5 x 2	9 x 2	2 x 9

YOU = AMAZING!

You are AWESOME!

2 x 7	7 x 2	5 x 2	2 x 6	2 x 7	8 x 2	2 x 8
6 x 2	2 x 6	5 x 2	7 x 2	2 x 4	6 x 2	2 x 6
3 x 2	6 x 2	2 x 6	7 x 2	4 x 2	2 x 5	6 x 2
2 x 9	8 x 2	10 x 2	2 x 8	2 x 7	8 x 2	9 x 2
2 x 7	8 x 2	7 x 2	2 x 8	5 x 2	8 x 2	9 x 2
4 x 2	2 x 9	7 x 2	9 x 2	6 x 2	7 x 2	9 x 2
2 x 5	6 x 2	8 x 2	2 x 7	5 x 2	9 x 2	2 x 9
10 x 2	9 x 2	2 x 7	8 x 2	2 x 5	8 x 2	7 x 2

Keep going! >>>

You CAN do it!

2 x 7	7 x 2	5 x 2	2 x 6	2 x 7	8 x 2	2 x 8
6 x 2	2 x 6	5 x 2	2 x 4	2 x 4	6 x 2	2 x 6
3 x 2	6 x 2	2 x 6	7 x 2	4 x 2	2 x 5	6 x 2
2 x 9	8 x 2	10 x 2	2 x 8	2 x 7	8 x 2	9 x 2
2 x 7	8 x 2	7 x 2	2 x 8	5 x 2	8 x 2	9 x 2
4 x 2	2 x 9	7 x 2	9 x 2	6 x 2	7 x 2	9 x 2
2 x 5	6 x 2	8 x 2	2 x 7	5 x 2	9 x 2	2 x 9
10 x 2	9 x 2	2 x 7	8 x 2	2 x 5	8 x 2	7 x 2

YOU = AMAZING!

6	2	7	2	2	6	2
x 2	x 6	x 2	x 8	x 4	x 2	x 6

3	6	2	7	4	2	6
x 2	x 2	x 6	x 2	x 2	x 5	x 2

2	7	5	2	2	8	2
x 7	x 2	x 2	x 6	x 7	x 2	x 8

2	8	7	2	5	8	9
x 7	x 2	x 2	x 8	x 2	x 2	x 2

2	8	10	2	2	8	9
x 9	x 2	x 2	x 8	x 7	x 2	x 2

10	9	2	8	2	8	7
x 2	x 2	x 7	x 2	x 5	x 2	x 2

5	2	7	9	6	7	9
x 2	x 9	x 2	x 2	x 2	x 2	x 2

2	6	8	2	5	9	2
x 5	x 2	x 2	x 7	x 2	x 2	x 9

You CAN do it!

11 x 2	2 x 11	6 x 2	7 x 2	2 x 6	5 x 2	2 x 6
3 x 2	11 x 2	2 x 6	9 x 2	8 x 2	2 x 5	6 x 2
2 x 12	12 x 2	11 x 2	10 x 2	2 x 8	9 x 2	11 x 2
12 x 2	8 x 2	7 x 2	2 x 12	5 x 2	2 x 9	11 x 2
2 x 9	8 x 2	10 x 2	2 x 12	2 x 11	8 x 2	9 x 2
12 x 2	9 x 2	8 x 2	2 x 6	2 x 3	2 x 2	6 x 2
9 x 2	12 x 2	3 x 2	4 x 2	2 x 5	8 x 2	9 x 2
2 x 5	6 x 2	8 x 2	12 x 2	11 x 2	9 x 2	2 x 3

YOU = AMAZING!

3 x 2	11 x 2	2 x 6	9 x 2	8 x 2	2 x 5	6 x 2
11 x 2	2 x 11	6 x 2	7 x 2	2 x 6	5 x 2	2 x 6
12 x 2	8 x 2	7 x 2	2 x 12	5 x 2	2 x 9	11 x 2
2 x 12	12 x 2	11 x 2	10 x 2	2 x 8	9 x 2	11 x 2
2 x 5	6 x 2	8 x 2	12 x 2	11 x 2	9 x 2	2 x 3
2 x 9	8 x 2	10 x 2	2 x 12	2 x 11	8 x 2	9 x 2
12 x 2	9 x 2	8 x 2	2 x 6	2 x 3	2 x 2	6 x 2
2 x 5	6 x 2	8 x 2	12 x 2	11 x 2	9 x 2	2 x 3

You CAN do it!

12 x 2	11 x 2	2 x 10	9 x 2	8 x 2	12 x 2	6 x 2
11 x 2	2 x 11	12 x 2	7 x 2	9 x 2	5 x 2	12 x 2
11 x 2	12 x 2	7 x 2	9 x 2	12 x 2	2 x 11	11 x 2
2 x 12	11 x 2	10 x 2	2 x 9	2 x 8	9 x 2	11 x 2
2 x 5	3 x 2	12 x 2	9 x 2	2 x 3	2 x 9	8 x 2
12 x 2	11 x 2	10 x 2	2 x 9	2 x 8	12 x 2	9 x 2
8 x 2	2 x 7	6 x 2	5 x 2	12 x 2	8 x 2	2 x 5
9 x 2	6 x 2	12 x 2	2 x 11	10 x 2	9 x 2	12 x 2

YOU = AMAZING!

11	2	12	7	9	5	12
x 2	x 11	x 2	x 2	x 2	x 2	x 2

12	11	2	9	8	12	6
x 2	x 2	x 10	x 2	x 2	x 2	x 2

2	11	10	2	2	9	11
x 12	x 2	x 2	x 9	x 8	x 2	x 2

11	12	7	9	12	2	11
x 2	x 2	x 2	x 2	x 2	x 11	x 2

12	11	10	2	2	12	9
x 2	x 2	x 2	x 9	x 8	x 2	x 2

2	3	12	9	2	2	8
x 5	x 2	x 2	x 2	x 3	x 9	x 2

9	6	12	2	10	9	12
x 2	x 2	x 2	x 11	x 2	x 2	x 2

8	2	6	5	12	8	2
x 2	x 7	x 2	x 2	x 2	x 2	x 5

Time: _____

3 x 1	2 x 3	3 x 2	3 x 3	2 x 3	4 x 3	3 x 4
3 x 3	4 x 3	3 x 4	5 x 3	3 x 5	4 x 3	5 x 3
3 x 2	2 x 3	5 x 3	3 x 4	5 x 3	4 x 3	2 x 3
5 x 3	4 x 3	3 x 3	3 x 2	5 x 3	3 x 4	5 x 3
3 x 4	5 x 3	2 x 3	3 x 4	3 x 5	3 x 3	2 x 3
5 x 3	3 x 3	4 x 3	2 x 3	3 x 5	4 x 3	3 x 4
3 x 5	4 x 3	3 x 3	2 x 3	4 x 3	3 x 3	5 x 3
3 x 4	2 x 3	4 x 3	5 x 3	3 x 4	3 x 5	4 x 3

YOU = AMAZING!

You are AWESOME!

3 x 1	2 x 3	3 x 2	3 x 3	2 x 3	4 x 3	3 x 4
3 x 3	4 x 3	3 x 4	5 x 3	3 x 5	4 x 3	5 x 3
3 x 2	2 x 3	5 x 3	3 x 4	5 x 3	4 x 3	2 x 3
5 x 3	4 x 3	3 x 3	3 x 2	5 x 3	3 x 4	5 x 3
3 x 4	5 x 3	2 x 3	3 x 4	3 x 5	3 x 3	2 x 3
5 x 3	3 x 3	4 x 3	2 x 3	3 x 5	4 x 3	3 x 4
3 x 5	4 x 3	3 x 3	2 x 3	4 x 3	3 x 3	5 x 3
3 x 4	2 x 3	4 x 3	5 x 3	3 x 4	3 x 5	4 x 3

You CAN do it!

3 x 3	4 x 3	3 x 4	5 x 3	3 x 5	4 x 3	5 x 3
3 x 4	5 x 3	2 x 3	3 x 4	3 x 5	3 x 3	2 x 3
3 x 2	2 x 3	5 x 3	3 x 4	5 x 3	4 x 3	2 x 3
3 x 4	2 x 3	4 x 3	5 x 3	3 x 4	3 x 5	4 x 3
3 x 1	2 x 3	3 x 2	3 x 3	2 x 3	4 x 3	3 x 4
5 x 3	3 x 3	4 x 3	2 x 3	3 x 5	4 x 3	3 x 4
3 x 3	4 x 3	3 x 4	5 x 3	3 x 5	4 x 3	5 x 3
3 x 4	5 x 3	2 x 3	3 x 4	3 x 5	3 x 3	2 x 3

YOU = AMAZING!

You are AWESOME!

3 x 3	4 x 3	3 x 4	5 x 3	3 x 5	4 x 3	5 x 3
5 x 3	4 x 3	3 x 3	3 x 2	5 x 3	3 x 4	5 x 3
3 x 2	2 x 3	5 x 3	3 x 4	5 x 3	4 x 3	2 x 3
6 x 3	4 x 3	6 x 3	3 x 2	3 x 6	3 x 4	6 x 3
3 x 6	6 x 3	2 x 3	3 x 6	3 x 5	6 x 3	2 x 3
5 x 3	6 x 3	4 x 3	3 x 6	3 x 5	4 x 3	3 x 4
3 x 6	4 x 3	6 x 3	2 x 3	3 x 4	3 x 6	5 x 3
3 x 6	2 x 3	6 x 3	5 x 3	3 x 6	3 x 5	6 x 3

Keep going! >>>

You CAN do it!

7	7	3	7	8	4	5
x 3	x 3	x 8	x 3	x 3	x 3	x 3

8	7	3	3	5	3	7
x 3	x 3	x 7	x 6	x 3	x 8	x 3

3	9	5	3	7	8	9
x 9	x 3	x 3	x 8	x 3	x 3	x 3

6	4	9	3	3	3	9
x 3	x 3	x 3	x 8	x 7	x 7	x 3

3	6	7	3	3	6	9
x 8	x 3	x 3	x 9	x 8	x 3	x 3

5	9	8	3	3	9	3
x 3	x 3	x 3	x 7	x 8	x 3	x 6

3	9	4	8	3	3	5
x 6	x 3	x 3	x 3	x 7	x 9	x 3

3	9	8	5	3	3	6
x 6	x 3	x 3	x 3	x 8	x 9	x 3

YOU = AMAZING!

You are AWESOME!

3 x 9	9 x 3	5 x 3	3 x 8	7 x 3	8 x 3	9 x 3
6 x 3	4 x 3	9 x 3	3 x 8	3 x 7	3 x 7	9 x 3
3 x 8	6 x 3	7 x 3	3 x 9	3 x 8	6 x 3	9 x 3
5 x 3	9 x 3	8 x 3	3 x 7	3 x 8	9 x 3	3 x 6
3 x 8	6 x 3	7 x 3	3 x 9	3 x 8	6 x 3	9 x 3
5 x 3	9 x 3	8 x 3	3 x 7	3 x 8	9 x 3	3 x 6
3 x 6	9 x 3	4 x 3	8 x 3	3 x 7	3 x 9	5 x 3
3 x 6	9 x 3	8 x 3	5 x 3	3 x 8	3 x 9	6 x 3

Keep going! >>> 27

7	3	3	7	8	4	5
x 3	x 7	x 8	x 3	x 3	x 3	x 3

8	7	3	3	5	3	7
x 3	x 3	x 7	x 6	x 3	x 8	x 3

3	9	5	3	7	8	9
x 9	x 3	x 3	x 8	x 3	x 3	x 3

6	4	9	3	3	3	9
x 3	x 3	x 3	x 8	x 7	x 7	x 3

3	6	7	3	3	6	9
x 8	x 3	x 3	x 9	x 8	x 3	x 3

5	9	8	3	3	9	3
x 3	x 3	x 3	x 7	x 8	x 3	x 6

3	9	4	8	3	3	5
x 6	x 3	x 3	x 3	x 7	x 9	x 3

3	9	8	5	3	3	6
x 6	x 3	x 3	x 3	x 8	x 9	x 3

Time: _____

28

YOU = AMAZING!

7 x 3	7 x 3	3 x 8	7 x 3	8 x 3	4 x 3	5 x 3
8 x 3	7 x 3	3 x 7	3 x 6	5 x 3	3 x 8	7 x 3
3 x 9	9 x 3	5 x 3	3 x 8	7 x 3	8 x 3	9 x 3
6 x 3	4 x 3	9 x 3	3 x 8	3 x 7	3 x 7	9 x 3
3 x 8	6 x 3	7 x 3	3 x 9	3 x 8	6 x 3	9 x 3
5 x 3	9 x 3	8 x 3	3 x 7	3 x 8	9 x 3	3 x 6
3 x 6	9 x 3	4 x 3	8 x 3	3 x 7	3 x 9	5 x 3
3 x 6	9 x 3	8 x 3	5 x 3	3 x 8	3 x 9	6 x 3

Time: _____

8 x 3	9 x 3	3 x 6	3 x 7	5 x 3	3 x 8	9 x 3
7 x 3	6 x 3	3 x 8	9 x 3	4 x 3	3 x 3	5 x 3
3 x 11	9 x 3	12 x 3	3 x 9	12 x 3	3 x 12	11 x 3
10 x 3	11 x 3	12 x 3	3 x 11	3 x 12	3 x 9	12 x 3
5 x 3	9 x 3	8 x 3	3 x 11	12 x 3	9 x 3	3 x 10
3 x 10	6 x 3	7 x 3	12 x 3	3 x 8	11 x 3	10 x 3
3 x 9	12 x 3	11 x 3	9 x 3	3 x 7	3 x 8	9 x 3
12 x 3	11 x 3	8 x 3	9 x 3	3 x 5	12 x 3	9 x 3

YOU = AMAZING!

7 x 3	4 x 3	3 x 2	9 x 3	3 x 3	3 x 2	12 x 3
11 x 3	9 x 3	3 x 6	3 x 7	12 x 3	3 x 11	9 x 3
3 x 10	9 x 3	12 x 3	3 x 8	11 x 3	3 x 9	10 x 3
9 x 3	8 x 3	7 x 3	3 x 4	12 x 3	3 x 9	11 x 3
3 x 10	6 x 3	4 x 3	3 x 3	3 x 8	11 x 3	12 x 3
5 x 3	4 x 3	3 x 3	3 x 12	10 x 3	8 x 3	3 x 7
3 x 9	12 x 3	11 x 3	8 x 3	3 x 7	3 x 4	9 x 3
3 x 3	11 x 3	9 x 3	3 x 3	3 x 2	12 x 3	9 x 3

You CAN do it!

8	9	3	3	5	3	9
x 3	x 3	x 6	x 7	x 3	x 8	x 3

7	6	3	9	4	3	5
x 3	x 3	x 8	x 3	x 3	x 3	x 3

3	9	12	3	12	3	11
x 11	x 3	x 3	x 9	x 3	x 12	x 3

10	11	12	3	3	3	12
x 3	x 3	x 3	x 11	x 12	x 9	x 3

5	9	8	3	12	9	3
x 3	x 3	x 3	x 11	x 3	x 3	x 10

3	6	7	12	3	11	10
x 10	x 3	x 3	x 3	x 8	x 3	x 3

3	12	11	9	3	3	9
x 9	x 3	x 3	x 3	x 7	x 8	x 3

12	11	8	9	3	12	9
x 3	x 3	x 3	x 3	x 5	x 3	x 3

YOU = AMAZING!

You are AWESOME!

7 x 3	4 x 3	3 x 2	9 x 3	3 x 3	3 x 2	12 x 3
11 x 3	9 x 3	3 x 6	3 x 7	12 x 3	3 x 11	9 x 3
3 x 10	9 x 3	12 x 3	3 x 8	11 x 3	3 x 9	10 x 3
9 x 3	8 x 3	7 x 3	3 x 4	12 x 3	3 x 9	11 x 3
3 x 10	6 x 3	4 x 3	3 x 3	3 x 8	11 x 3	12 x 3
5 x 3	4 x 3	3 x 3	3 x 12	10 x 3	8 x 3	3 x 7
3 x 9	12 x 3	11 x 3	8 x 3	3 x 7	3 x 4	9 x 3
3 x 3	11 x 3	9 x 3	3 x 3	3 x 2	12 x 3	9 x 3

Time: _____

4 x 1	4 x 2	3 x 4	4 x 3	4 x 5	0 x 4	5 x 4
4 x 3	4 x 4	3 x 4	5 x 4	4 x 4	3 x 4	5 x 4
4 x 4	4 x 3	5 x 4	3 x 4	4 x 5	3 x 4	4 x 4
4 x 5	4 x 3	4 x 2	2 x 4	4 x 4	5 x 4	4 x 3
5 x 4	4 x 4	4 x 0	4 x 4	2 x 4	5 x 4	4 x 4
4 x 5	4 x 3	4 x 4	1 x 4	4 x 3	5 x 4	4 x 4
3 x 4	5 x 4	4 x 4	4 x 3	0 x 4	5 x 4	4 x 4
4 x 3	5 x 4	4 x 5	2 x 4	4 x 4	5 x 4	4 x 5

YOU = AMAZING!

You are AWESOME!

4 x 3	4 x 4	3 x 4	5 x 4	4 x 4	3 x 4	5 x 4
4 x 1	4 x 2	3 x 4	4 x 3	4 x 5	0 x 4	5 x 4
4 x 5	4 x 3	4 x 2	2 x 4	4 x 4	5 x 4	4 x 3
4 x 4	4 x 3	5 x 4	3 x 4	4 x 5	3 x 4	4 x 4
4 x 5	4 x 3	4 x 4	1 x 4	4 x 3	5 x 4	4 x 4
5 x 4	4 x 4	4 x 0	4 x 4	2 x 4	5 x 4	4 x 4
4 x 3	5 x 4	4 x 5	2 x 4	4 x 4	5 x 4	4 x 5
3 x 4	5 x 4	4 x 4	4 x 3	0 x 4	5 x 4	4 x 4

Keep going! >>>

You CAN do it!

4	4	3	4	4	0	5
x 1	x 2	x 4	x 3	x 5	x 4	x 4

4	4	3	5	4	3	5
x 3	x 4	x 4	x 4	x 4	x 4	x 4

4	4	5	3	4	3	4
x 4	x 3	x 4	x 4	x 5	x 4	x 4

4	4	4	2	4	5	4
x 5	x 3	x 2	x 4	x 4	x 4	x 3

5	4	4	4	2	5	4
x 4	x 4	x 0	x 4	x 4	x 4	x 4

4	4	4	1	4	5	4
x 5	x 3	x 4	x 4	x 3	x 4	x 4

3	5	4	4	0	5	4
x 4	x 4	x 4	x 3	x 4	x 4	x 4

4	5	4	2	4	5	4
x 3	x 4	x 5	x 4	x 4	x 4	x 5

YOU = AMAZING!

4 x 3	4 x 4	3 x 4	5 x 4	4 x 4	3 x 4	5 x 4
4 x 1	4 x 2	3 x 4	4 x 3	4 x 5	0 x 4	5 x 4
4 x 5	4 x 3	4 x 2	2 x 4	4 x 4	5 x 4	4 x 3
4 x 4	4 x 3	5 x 4	3 x 4	4 x 5	3 x 4	4 x 4
4 x 5	4 x 3	4 x 4	1 x 4	4 x 3	5 x 4	4 x 4
5 x 4	4 x 4	4 x 0	4 x 4	2 x 4	5 x 4	4 x 4
4 x 3	5 x 4	4 x 5	2 x 4	4 x 4	5 x 4	4 x 5
3 x 4	5 x 4	4 x 4	4 x 3	0 x 4	5 x 4	4 x 4

Time: _____

4 x 6	6 x 4	5 x 4	7 x 4	4 x 6	6 x 4	7 x 4
4 x 6	4 x 7	8 x 4	4 x 8	4 x 7	8 x 4	9 x 4
4 x 9	4 x 8	4 x 9	9 x 4	4 x 7	9 x 4	4 x 8
4 x 5	4 x 8	7 x 4	9 x 4	4 x 8	9 x 4	4 x 9
4 x 6	4 x 8	7 x 4	9 x 4	4 x 8	7 x 4	4 x 8
9 x 4	4 x 8	4 x 7	4 x 8	9 x 4	8 x 4	4 x 7
4 x 6	7 x 4	4 x 9	8 x 4	4 x 9	9 x 4	4 x 8
6 x 4	5 x 4	7 x 4	4 x 8	9 x 4	8 x 4	4 x 7

YOU = AMAZING!

4 x 9	4 x 8	4 x 9	9 x 4	4 x 7	9 x 4	4 x 8
4 x 5	4 x 8	7 x 4	9 x 4	4 x 8	9 x 4	4 x 9
4 x 9	4 x 8	4 x 9	9 x 4	4 x 7	9 x 4	4 x 8
4 x 6	7 x 4	4 x 9	8 x 4	4 x 9	9 x 4	4 x 8
4 x 6	4 x 8	7 x 4	9 x 4	4 x 8	7 x 4	4 x 8
6 x 4	5 x 4	7 x 4	4 x 8	9 x 4	8 x 4	4 x 7
4 x 6	7 x 4	4 x 9	8 x 4	4 x 9	9 x 4	4 x 8
9 x 4	4 x 8	4 x 7	4 x 8	9 x 4	8 x 4	4 x 7

You CAN do it!

4 x 6	6 x 4	5 x 4	7 x 4	4 x 6	6 x 4	7 x 4
4 x 6	4 x 7	8 x 4	4 x 8	4 x 7	8 x 4	9 x 4
4 x 9	4 x 8	4 x 9	9 x 4	4 x 7	9 x 4	4 x 8
4 x 5	4 x 8	7 x 4	9 x 4	4 x 8	9 x 4	4 x 9
4 x 6	4 x 8	7 x 4	9 x 4	4 x 8	7 x 4	4 x 8
9 x 4	4 x 8	4 x 7	4 x 8	9 x 4	8 x 4	4 x 7
4 x 6	7 x 4	4 x 9	8 x 4	4 x 9	9 x 4	4 x 8
6 x 4	5 x 4	7 x 4	4 x 8	9 x 4	8 x 4	4 x 7

YOU = AMAZING!

4 x 9	4 x 8	4 x 9	9 x 4	4 x 7	9 x 4	4 x 8
4 x 5	4 x 8	7 x 4	9 x 4	4 x 8	9 x 4	4 x 9
4 x 9	4 x 8	4 x 9	9 x 4	4 x 7	9 x 4	4 x 8
4 x 6	7 x 4	4 x 9	8 x 4	4 x 9	9 x 4	4 x 8
4 x 6	4 x 8	7 x 4	9 x 4	4 x 8	7 x 4	4 x 8
6 x 4	5 x 4	7 x 4	4 x 8	9 x 4	8 x 4	4 x 7
4 x 6	7 x 4	4 x 9	8 x 4	4 x 9	9 x 4	4 x 8
9 x 4	4 x 8	4 x 7	4 x 8	9 x 4	8 x 4	4 x 7

You CAN do it!

4 x 9	4 x 8	4 x 9	9 x 4	4 x 7	9 x 4	4 x 8
4 x 5	4 x 8	7 x 4	9 x 4	4 x 8	9 x 4	4 x 9
4 x 9	4 x 8	4 x 9	9 x 4	4 x 7	9 x 4	4 x 8
4 x 6	7 x 4	4 x 9	8 x 4	4 x 9	9 x 4	4 x 8
4 x 6	4 x 8	7 x 4	9 x 4	4 x 8	7 x 4	4 x 8
6 x 4	5 x 4	7 x 4	4 x 8	9 x 4	8 x 4	4 x 7
4 x 6	7 x 4	4 x 9	8 x 4	4 x 9	9 x 4	4 x 8
9 x 4	4 x 8	4 x 7	4 x 8	9 x 4	8 x 4	4 x 7

YOU = AMAZING!

10 x 4	6 x 4	11 x 4	7 x 4	12 x 4	6 x 4	7 x 4
4 x 6	4 x 11	8 x 4	12 x 4	4 x 7	11 x 4	10 x 4
4 x 9	12 x 4	4 x 9	12 x 4	4 x 7	9 x 4	4 x 11
4 x 5	4 x 10	12 x 4	11 x 4	4 x 8	12 x 4	4 x 9
4 x 6	4 x 11	7 x 4	9 x 4	4 x 8	7 x 4	12 x 4
11 x 4	4 x 8	4 x 12	4 x 8	12 x 4	8 x 4	4 x 11
4 x 12	7 x 4	4 x 9	11 x 4	4 x 9	12 x 4	4 x 8
6 x 4	10 x 4	7 x 4	4 x 8	12 x 4	8 x 4	4 x 11

You CAN do it!

10 x 4	6 x 4	11 x 4	7 x 4	12 x 4	5 x 4	7 x 4
4 x 6	4 x 4	3 x 4	12 x 4	4 x 9	11 x 4	10 x 4
4 x 9	3 x 4	4 x 4	12 x 4	4 x 2	9 x 4	4 x 10
4 x 2	4 x 3	12 x 4	11 x 4	4 x 8	2 x 4	4 x 9
4 x 6	4 x 11	7 x 4	9 x 4	4 x 8	4 x 4	3 x 4
2 x 4	4 x 8	4 x 12	4 x 8	12 x 4	9 x 4	4 x 11
4 x 12	7 x 4	4 x 3	11 x 4	4 x 4	12 x 4	4 x 8
6 x 4	10 x 4	9 x 4	4 x 8	12 x 4	5 x 4	4 x 11

YOU = AMAZING!

You are AWESOME!

4 x 6	4 x 4	3 x 4	12 x 4	4 x 9	11 x 4	10 x 4
10 x 4	6 x 4	11 x 4	7 x 4	12 x 4	5 x 4	7 x 4
4 x 2	4 x 3	12 x 4	11 x 4	4 x 8	2 x 4	4 x 9
4 x 9	3 x 4	4 x 4	12 x 4	4 x 2	9 x 4	4 x 10
4 x 6	4 x 11	7 x 4	9 x 4	4 x 8	4 x 4	3 x 4
4 x 12	7 x 4	4 x 3	11 x 4	4 x 4	12 x 4	4 x 8
2 x 4	4 x 8	4 x 12	4 x 8	12 x 4	9 x 4	4 x 11
6 x 4	10 x 4	9 x 4	4 x 8	12 x 4	5 x 4	4 x 11

You CAN do it!

5 x 1	5 x 2	2 x 5	3 x 5	5 x 1	4 x 5	5 x 4
2 x 5	5 x 4	5 x 3	4 x 5	3 x 5	5 x 2	1 x 5
5 x 2	5 x 3	5 x 4	2 x 5	3 x 5	1 x 5	5 x 2
4 x 5	3 x 5	5 x 5	5 x 4	4 x 5	3 x 5	5 x 4
5 x 1	5 x 2	2 x 5	3 x 5	5 x 1	0 x 5	5 x 4
2 x 5	5 x 4	5 x 3	4 x 5	3 x 5	5 x 2	1 x 5
5 x 2	5 x 0	5 x 4	2 x 5	3 x 5	1 x 5	5 x 2
4 x 5	3 x 5	5 x 5	5 x 4	4 x 5	3 x 5	2 x 5

YOU = AMAZING!

2 x 5	5 x 4	5 x 3	4 x 5	3 x 5	5 x 2	1 x 5
5 x 0	5 x 2	2 x 5	3 x 5	5 x 1	4 x 5	5 x 4
4 x 5	3 x 5	5 x 5	5 x 4	4 x 5	3 x 5	5 x 4
5 x 2	5 x 3	5 x 4	2 x 5	3 x 5	1 x 5	5 x 2
2 x 5	5 x 4	5 x 3	4 x 5	3 x 5	5 x 2	1 x 5
5 x 1	5 x 2	2 x 5	3 x 5	5 x 1	4 x 5	5 x 4
4 x 5	3 x 5	5 x 5	5 x 4	4 x 5	3 x 4	2 x 4
5 x 2	5 x 3	5 x 4	2 x 5	0 x 5	1 x 5	5 x 2

You CAN do it!

2 x 5	5 x 4	5 x 3	4 x 5	3 x 5	5 x 2	1 x 5
5 x 0	5 x 2	2 x 5	3 x 5	5 x 1	4 x 5	5 x 4
4 x 5	3 x 5	5 x 5	5 x 4	4 x 5	5 x 4	5 x 3
5 x 2	5 x 3	5 x 4	2 x 5	3 x 5	1 x 5	5 x 2
2 x 5	5 x 4	5 x 3	4 x 5	3 x 5	5 x 2	1 x 5
5 x 1	5 x 2	2 x 5	3 x 5	5 x 1	4 x 5	5 x 4
4 x 5	3 x 5	5 x 5	5 x 4	4 x 5	3 x 5	2 x 5
5 x 2	5 x 3	5 x 4	2 x 5	0 x 5	1 x 5	5 x 2

YOU = AMAZING!

5 x 1	5 x 2	2 x 5	3 x 5	5 x 1	4 x 5	5 x 4
2 x 5	5 x 4	5 x 3	4 x 5	3 x 5	5 x 2	1 x 5
5 x 2	5 x 3	5 x 4	2 x 5	3 x 5	1 x 5	5 x 2
4 x 5	3 x 5	5 x 5	5 x 4	4 x 5	5 x 4	5 x 3
5 x 1	5 x 2	2 x 5	3 x 5	5 x 1	0 x 5	5 x 4
2 x 5	5 x 4	5 x 3	4 x 5	3 x 5	5 x 2	1 x 5
5 x 2	5 x 0	5 x 4	2 x 5	3 x 5	1 x 5	5 x 2
4 x 5	3 x 5	5 x 5	5 x 4	4 x 5	3 x 5	5 x 4

Time: _____

5 x 6	6 x 5	7 x 5	6 x 5	5 x 5	6 x 5	5 x 7
8 x 5	5 x 8	5 x 6	7 x 5	6 x 5	5 x 9	9 x 5
5 x 8	5 x 7	5 x 6	6 x 5	8 x 5	9 x 5	5 x 7
5 x 5	8 x 5	5 x 6	5 x 8	9 x 5	5 x 8	7 x 5
5 x 6	5 x 5	7 x 5	8 x 5	5 x 6	9 x 5	5 x 7
9 x 5	5 x 8	5 x 7	9 x 5	6 x 5	5 x 7	8 x 5
5 x 5	5 x 6	5 x 7	8 x 5	9 x 5	6 x 5	5 x 8
7 x 5	8 x 5	5 x 6	5 x 9	5 x 5	5 x 9	6 x 5

YOU = AMAZING!

You are AWESOME!

5 x 6	5 x 5	7 x 5	8 x 5	5 x 6	9 x 5	5 x 7
9 x 5	5 x 8	5 x 7	9 x 5	6 x 5	5 x 7	8 x 5
5 x 5	5 x 6	5 x 7	8 x 5	9 x 5	6 x 5	5 x 8
7 x 5	8 x 5	5 x 6	5 x 9	5 x 5	5 x 9	6 x 5
5 x 6	6 x 5	7 x 5	6 x 5	5 x 5	6 x 5	5 x 7
8 x 5	5 x 8	5 x 6	7 x 5	6 x 5	5 x 9	9 x 5
5 x 8	5 x 7	5 x 6	6 x 5	8 x 5	9 x 5	5 x 7
5 x 5	8 x 5	5 x 6	5 x 8	9 x 5	5 x 8	7 x 5

You CAN do it!

5 x 6	6 x 5	7 x 5	6 x 5	5 x 5	6 x 5	5 x 7
8 x 5	5 x 8	5 x 6	7 x 5	6 x 5	5 x 9	9 x 5
5 x 8	5 x 7	5 x 6	6 x 5	8 x 5	9 x 5	5 x 7
5 x 5	8 x 5	5 x 6	5 x 8	9 x 5	5 x 8	7 x 5
5 x 6	5 x 5	7 x 5	8 x 5	5 x 6	9 x 5	5 x 7
9 x 5	5 x 8	5 x 7	9 x 5	6 x 5	5 x 7	8 x 5
5 x 5	5 x 6	5 x 7	8 x 5	9 x 5	6 x 5	5 x 8
7 x 5	8 x 5	5 x 6	5 x 9	5 x 5	5 x 9	6 x 5

YOU = AMAZING!

5 x 6	5 x 5	7 x 5	8 x 5	5 x 6	9 x 5	5 x 7
9 x 5	5 x 8	5 x 7	9 x 5	6 x 5	5 x 7	8 x 5
5 x 5	5 x 6	5 x 7	8 x 5	9 x 5	6 x 5	5 x 8
7 x 5	8 x 5	5 x 6	5 x 9	5 x 5	5 x 9	6 x 5
5 x 6	6 x 5	7 x 5	6 x 5	5 x 5	6 x 5	5 x 7
8 x 5	5 x 8	5 x 6	7 x 5	6 x 5	5 x 9	9 x 5
5 x 8	5 x 7	5 x 6	6 x 5	8 x 5	9 x 5	5 x 7
5 x 5	8 x 5	5 x 6	5 x 8	9 x 5	5 x 8	7 x 5

You CAN do it!

5 x 6	12 x 5	12 x 5	8 x 5	5 x 11	9 x 5	5 x 7
12 x 5	5 x 8	5 x 11	9 x 5	6 x 5	5 x 7	12 x 5
12 x 5	5 x 6	5 x 7	10 x 5	9 x 5	12 x 5	5 x 8
11 x 5	8 x 5	5 x 10	5 x 9	12 x 5	5 x 9	6 x 5
5 x 6	6 x 5	7 x 5	6 x 5	5 x 5	6 x 5	5 x 7
8 x 5	5 x 8	5 x 6	7 x 5	6 x 5	5 x 9	9 x 5
5 x 8	5 x 7	5 x 6	6 x 5	8 x 5	9 x 5	5 x 7
5 x 5	8 x 5	5 x 6	5 x 8	9 x 5	5 x 8	7 x 5

YOU = AMAZING!

You are AWESOME!

11	8	5	5	12	5	6
x 5	x 5	x 10	x 9	x 5	x 9	x 5

5	6	7	6	5	6	5
x 6	x 5	x 5	x 5	x 5	x 5	x 7

8	5	5	7	6	5	9
x 5	x 8	x 6	x 5	x 5	x 9	x 5

5	5	5	6	8	9	5
x 8	x 7	x 6	x 5	x 5	x 5	x 7

5	6	7	6	5	6	5
x 6	x 5	x 5	x 5	x 5	x 5	x 7

8	5	5	7	6	5	9
x 5	x 8	x 6	x 5	x 5	x 9	x 5

5	5	5	6	8	9	5
x 8	x 7	x 6	x 5	x 5	x 5	x 7

5	8	5	5	9	5	7
x 5	x 5	x 6	x 8	x 5	x 8	x 5

Keep going! >>>

You CAN do it!

11 x 5	8 x 5	5 x 10	5 x 9	12 x 5	5 x 9	6 x 5
5 x 6	4 x 5	7 x 5	6 x 5	3 x 5	2 x 5	5 x 7
8 x 5	5 x 1	5 x 6	4 x 5	6 x 5	5 x 9	3 x 5
5 x 1	5 x 7	5 x 6	3 x 5	8 x 5	9 x 5	5 x 3
5 x 6	6 x 5	2 x 5	6 x 5	5 x 5	3 x 5	5 x 7
8 x 5	5 x 3	5 x 6	6 x 5	12 x 5	5 x 9	11 x 5
5 x 8	10 x 7	5 x 6	3 x 5	8 x 5	9 x 5	5 x 2
5 x 5	11 x 5	5 x 6	5 x 4	10 x 5	5 x 8	12 x 5

YOU = AMAZING!

You are AWESOME!

5 x 6	6 x 5	2 x 5	6 x 5	5 x 5	3 x 5	5 x 7
8 x 5	5 x 3	5 x 6	6 x 5	12 x 5	5 x 9	11 x 5
5 x 8	10 x 7	5 x 6	3 x 5	8 x 5	9 x 5	5 x 2
5 x 5	11 x 5	5 x 6	5 x 4	10 x 5	5 x 8	12 x 5
11 x 5	8 x 5	5 x 10	5 x 9	12 x 5	5 x 9	6 x 5
5 x 6	4 x 5	7 x 5	6 x 5	3 x 5	2 x 5	5 x 7
8 x 5	5 x 1	5 x 6	4 x 5	6 x 5	5 x 9	3 x 5
5 x 1	5 x 7	5 x 6	3 x 5	8 x 5	9 x 5	5 x 3

Keep going! >>>

You CAN do it!

1	6	3	6	3	6	4
x 6	x 2	x 6	x 2	x 6	x 4	x 6

6	2	0	1	3	4	5
x 3	x 6	x 6	x 6	x 6	x 6	x 6

6	4	3	4	5	4	3
x 5	x 6	x 6	x 6	x 6	x 6	x 6

6	5	4	6	6	4	5
x 2	x 6	x 6	x 1	x 4	x 6	x 6

1	6	3	6	3	6	4
x 6	x 2	x 6	x 2	x 6	x 4	x 6

6	2	0	1	3	4	5
x 3	x 6	x 6	x 6	x 6	x 6	x 6

6	4	3	4	5	4	3
x 5	x 6	x 6	x 6	x 6	x 6	x 6

6	5	4	6	6	4	5
x 2	x 6	x 6	x 1	x 4	x 6	x 6

YOU = AMAZING!

You are AWESOME!

6 x 5	4 x 6	3 x 6	4 x 6	5 x 6	4 x 6	3 x 6
6 x 2	5 x 6	4 x 6	6 x 1	6 x 4	4 x 6	5 x 6
1 x 6	6 x 2	3 x 6	6 x 2	3 x 6	6 x 4	4 x 6
6 x 3	2 x 6	0 x 6	1 x 6	3 x 6	4 x 6	5 x 6
6 x 3	2 x 6	0 x 6	1 x 6	3 x 6	4 x 6	5 x 6
6 x 5	4 x 6	3 x 6	4 x 6	5 x 6	4 x 6	3 x 6
6 x 2	5 x 6	4 x 6	6 x 1	6 x 4	4 x 6	5 x 6
1 x 6	6 x 2	3 x 6	6 x 2	3 x 6	6 x 4	4 x 6

You CAN do it!

1 x 6	6 x 2	3 x 6	6 x 2	3 x 6	6 x 4	4 x 6
6 x 3	2 x 6	0 x 6	1 x 6	3 x 6	4 x 6	5 x 6
6 x 5	4 x 6	3 x 6	4 x 6	5 x 6	4 x 6	3 x 6
6 x 2	5 x 6	4 x 6	6 x 1	6 x 4	4 x 6	5 x 6
1 x 6	6 x 2	3 x 6	6 x 2	3 x 6	6 x 4	4 x 6
6 x 3	2 x 6	0 x 6	1 x 6	3 x 6	4 x 6	5 x 6
6 x 5	4 x 6	3 x 6	4 x 6	5 x 6	4 x 6	3 x 6
6 x 2	5 x 6	4 x 6	6 x 1	6 x 4	4 x 6	5 x 6

YOU = AMAZING!

You are AWESOME!

6 x 5	4 x 6	3 x 6	4 x 6	5 x 6	4 x 6	3 x 6
6 x 2	5 x 6	4 x 6	6 x 1	6 x 4	4 x 6	5 x 6
1 x 6	6 x 2	3 x 6	6 x 2	3 x 6	6 x 4	4 x 6
6 x 3	2 x 6	0 x 6	1 x 6	3 x 6	4 x 6	5 x 6
6 x 3	2 x 6	0 x 6	1 x 6	3 x 6	4 x 6	5 x 6
6 x 5	4 x 6	3 x 6	4 x 6	5 x 6	4 x 6	3 x 6
6 x 2	5 x 6	4 x 6	6 x 1	6 x 4	4 x 6	5 x 6
1 x 6	6 x 2	3 x 6	6 x 2	3 x 6	6 x 4	4 x 6

You CAN do it!

6 x 6	6 x 6	7 x 6	5 x 6	6 x 6	8 x 6	7 x 6
6 x 6	9 x 6	9 x 6	6 x 8	6 x 9	7 x 6	6 x 6
10 x 6	6 x 6	7 x 6	6 x 9	8 x 6	6 x 6	9 x 6
6 x 6	9 x 6	8 x 6	7 x 6	9 x 6	10 x 6	6 x 6
6 x 7	9 x 6	8 x 6	7 x 6	6 x 6	8 x 6	9 x 6
6 x 9	8 x 6	7 x 6	6 x 6	6 x 6	9 x 6	8 x 6
6 x 5	9 x 6	8 x 6	6 x 7	6 x 6	8 x 6	9 x 6
10 x 6	7 x 6	8 x 6	6 x 9	6 x 6	6 x 8	9 x 6

YOU = AMAZING!

10 x 6	6 x 6	7 x 6	6 x 9	8 x 6	6 x 6	9 x 6
6 x 6	9 x 6	8 x 6	7 x 6	9 x 6	10 x 6	6 x 6
6 x 7	9 x 6	8 x 6	7 x 6	6 x 6	8 x 6	9 x 6
6 x 9	8 x 6	7 x 6	6 x 6	6 x 6	9 x 6	8 x 6
6 x 6	6 x 6	7 x 6	5 x 6	6 x 6	8 x 6	7 x 6
6 x 6	9 x 6	9 x 6	6 x 8	6 x 9	7 x 6	6 x 6
6 x 7	9 x 6	8 x 6	7 x 6	6 x 6	8 x 6	9 x 6
6 x 9	8 x 6	7 x 6	6 x 6	6 x 6	9 x 6	8 x 6

You CAN do it!

6	6	7	5	6	8	7
x 6	x 6	x 6	x 6	x 6	x 6	x 6

6	9	9	6	6	7	6
x 6	x 6	x 6	x 8	x 9	x 6	x 6

10	6	7	6	8	6	9
x 6	x 6	x 6	x 9	x 6	x 6	x 6

6	9	8	7	9	10	6
x 6	x 6	x 6	x 6	x 6	x 6	x 6

6	9	8	7	6	8	9
x 7	x 6	x 6	x 6	x 6	x 6	x 6

6	8	7	6	6	9	8
x 9	x 6	x 6	x 6	x 6	x 6	x 6

6	9	8	6	6	8	9
x 5	x 6	x 6	x 7	x 6	x 6	x 6

10	7	8	6	6	6	9
x 6	x 6	x 6	x 9	x 6	x 8	x 6

YOU = AMAZING!

10	6	7	6	8	6	9
x 6	x 6	x 6	x 9	x 6	x 6	x 6

6	9	8	7	9	10	6
x 6	x 6	x 6	x 6	x 6	x 6	x 6

6	9	8	7	6	8	9
x 7	x 6	x 6	x 6	x 6	x 6	x 6

6	8	7	6	6	9	8
x 9	x 6	x 6	x 6	x 6	x 6	x 6

6	6	7	5	6	8	7
x 6	x 6	x 6	x 6	x 6	x 6	x 6

6	9	9	6	6	7	6
x 6	x 6	x 6	x 8	x 9	x 6	x 6

6	9	8	7	6	8	9
x 7	x 6	x 6	x 6	x 6	x 6	x 6

6	8	7	6	6	9	8
x 9	x 6	x 6	x 6	x 6	x 6	x 6

You CAN do it!

12 x 6	11 x 6	7 x 6	6 x 9	10 x 6	12 x 6	9 x 6
11 x 6	9 x 6	12 x 6	7 x 6	12 x 6	10 x 6	12 x 6
6 x 7	12 x 6	8 x 6	11 x 6	6 x 6	8 x 6	10 x 6
12 x 6	8 x 6	7 x 6	10 x 6	6 x 6	9 x 6	12 x 6
12 x 6	11 x 6	7 x 6	6 x 9	10 x 6	12 x 6	9 x 6
11 x 6	9 x 6	12 x 6	7 x 6	12 x 6	10 x 6	12 x 6
6 x 7	12 x 6	8 x 6	11 x 6	6 x 6	8 x 6	10 x 6
12 x 6	8 x 6	7 x 6	10 x 6	6 x 6	9 x 6	12 x 6

YOU = AMAZING!

You are AWESOME!

12	11	7	6	10	12	9
x 6	x 6	x 6	x 9	x 6	x 6	x 6

6	12	8	11	6	8	10
x 7	x 6	x 6	x 6	x 6	x 6	x 6

12	8	7	10	6	9	12
x 6	x 6	x 6	x 6	x 6	x 6	x 6

12	11	7	6	10	12	9
x 6	x 6	x 6	x 9	x 6	x 6	x 6

11	9	12	7	12	10	12
x 6	x 6	x 6	x 6	x 6	x 6	x 6

12	11	7	6	10	12	9
x 6	x 6	x 6	x 9	x 6	x 6	x 6

6	12	8	11	6	8	10
x 7	x 6	x 6	x 6	x 6	x 6	x 6

12	8	7	10	6	9	12
x 6	x 6	x 6	x 6	x 6	x 6	x 6

Keep going! >>>

You CAN do it!

12 x 6	11 x 6	7 x 6	6 x 2	3 x 6	12 x 6	5 x 6
11 x 6	9 x 6	4 x 6	7 x 6	5 x 6	10 x 6	12 x 6
6 x 7	12 x 6	8 x 6	11 x 6	6 x 6	8 x 6	10 x 6
12 x 6	8 x 6	7 x 6	10 x 6	6 x 6	9 x 6	12 x 6
2 x 6	11 x 6	3 x 6	6 x 9	5 x 6	12 x 6	9 x 6
11 x 6	4 x 6	12 x 6	7 x 6	3 x 6	10 x 6	12 x 6
6 x 10	12 x 6	8 x 6	4 x 6	6 x 6	8 x 6	3 x 6
2 x 6	8 x 6	1 x 6	10 x 6	5 x 6	9 x 6	12 x 6

YOU = AMAZING!

6 x 7	12 x 6	8 x 6	11 x 6	6 x 6	8 x 6	10 x 6
12 x 6	8 x 6	7 x 6	10 x 6	6 x 6	9 x 6	12 x 6
2 x 6	11 x 6	3 x 6	6 x 9	5 x 6	12 x 6	9 x 6
11 x 6	4 x 6	12 x 6	7 x 6	3 x 6	10 x 6	12 x 6
2 x 6	11 x 6	3 x 6	6 x 9	5 x 6	12 x 6	9 x 6
6 x 10	12 x 6	8 x 6	4 x 6	6 x 6	8 x 6	3 x 6
11 x 6	4 x 6	12 x 6	7 x 6	3 x 6	10 x 6	12 x 6
2 x 6	8 x 6	1 x 6	10 x 6	5 x 6	9 x 6	12 x 6

Keep going! >>>

Time: _____

7 x 1	7 x 2	2 x 7	7 x 3	3 x 7	7 x 2	1 x 7
7 x 3	2 x 7	3 x 7	7 x 2	7 x 4	4 x 7	7 x 5
7 x 4	5 x 7	2 x 7	3 x 7	7 x 4	5 x 7	0 x 7
7 x 5	4 x 7	7 x 5	3 x 7	3 x 7	2 x 7	7 x 5
7 x 4	7 x 2	5 x 7	7 x 3	3 x 7	7 x 2	4 x 7
7 x 3	2 x 7	3 x 7	7 x 5	7 x 4	4 x 7	7 x 5
7 x 4	5 x 7	2 x 7	3 x 7	7 x 4	5 x 7	0 x 7
7 x 5	4 x 7	7 x 5	3 x 7	3 x 7	2 x 7	7 x 5

YOU = AMAZING!

You are AWESOME!

7	0	2	7	3	7	1
x 1	x 7	x 7	x 3	x 7	x 2	x 7

7	4	7	3	3	2	7
x 5	x 7	x 5	x 7	x 7	x 7	x 5

7	5	2	3	7	5	0
x 4	x 7	x 7	x 7	x 4	x 7	x 7

7	2	3	7	7	4	7
x 3	x 7	x 7	x 2	x 4	x 7	x 5

7	7	4	7	3	7	4
x 5	x 2	x 7	x 5	x 7	x 2	x 7

7	2	3	7	7	4	7
x 3	x 7	x 7	x 2	x 4	x 7	x 5

7	5	2	3	7	5	0
x 4	x 7	x 7	x 7	x 4	x 7	x 7

7	4	7	3	7	2	7
x 5	x 7	x 5	x 7	x 4	x 7	x 5

You CAN do it!

7 x 1	7 x 2	2 x 7	7 x 3	3 x 7	7 x 2	1 x 7
7 x 3	2 x 7	3 x 7	7 x 2	7 x 4	4 x 7	7 x 5
7 x 4	5 x 7	2 x 7	3 x 7	7 x 4	5 x 7	0 x 7
7 x 5	4 x 7	7 x 5	3 x 7	3 x 7	2 x 7	7 x 5
7 x 4	7 x 2	5 x 7	7 x 3	3 x 7	7 x 2	4 x 7
7 x 3	2 x 7	3 x 7	7 x 5	7 x 4	4 x 7	7 x 5
7 x 4	5 x 7	2 x 7	3 x 7	7 x 4	5 x 7	0 x 7
7 x 5	4 x 7	7 x 5	3 x 7	3 x 7	2 x 7	7 x 5

YOU = AMAZING!

You are AWESOME!

7 x 1	0 x 7	2 x 7	7 x 3	3 x 7	7 x 2	1 x 7
7 x 5	4 x 7	7 x 5	3 x 7	3 x 7	2 x 7	7 x 5
7 x 4	5 x 7	2 x 7	3 x 7	7 x 4	5 x 7	0 x 7
7 x 3	2 x 7	3 x 7	7 x 2	7 x 4	4 x 7	7 x 5
7 x 5	7 x 2	4 x 7	7 x 5	3 x 7	7 x 2	4 x 7
7 x 3	2 x 7	3 x 7	7 x 2	7 x 4	4 x 7	7 x 5
7 x 4	5 x 7	2 x 7	3 x 7	7 x 4	5 x 7	0 x 7
7 x 5	4 x 7	7 x 5	3 x 7	7 x 4	2 x 7	7 x 5

Keep going! >>>

Time: _____

7 x 6	6 x 7	7 x 7	7 x 6	7 x 7	7 x 8	9 x 7
7 x 9	8 x 7	7 x 8	6 x 7	9 x 7	7 x 7	7 x 6
7 x 7	9 x 7	8 x 7	7 x 7	7 x 7	9 x 7	6 x 7
7 x 6	9 x 7	7 x 7	7 x 6	7 x 8	9 x 7	7 x 8
7 x 7	7 x 6	9 x 7	7 x 7	8 x 7	7 x 9	8 x 7
7 x 6	8 x 7	7 x 7	7 x 8	7 x 9	6 x 7	7 x 7
7 x 7	8 x 7	9 x 7	8 x 7	7 x 7	6 x 7	9 x 7
7 x 8	7 x 7	7 x 9	6 x 7	7 x 6	9 x 7	7 x 8

YOU = AMAZING!

7	8	7	6	9	7	7
x 9	x 7	x 8	x 7	x 7	x 7	x 6

7	9	8	7	7	9	6
x 7	x 7	x 7	x 7	x 7	x 7	x 7

7	9	7	7	7	9	7
x 6	x 7	x 7	x 6	x 8	x 7	x 8

7	7	9	7	8	7	8
x 7	x 6	x 7	x 7	x 7	x 9	x 7

7	7	7	6	7	9	7
x 8	x 7	x 9	x 7	x 6	x 7	x 8

7	8	7	7	7	6	7
x 6	x 7	x 7	x 8	x 9	x 7	x 7

7	8	9	8	7	6	9
x 7	x 7	x 7	x 7	x 7	x 7	x 7

7	7	7	6	7	9	7
x 8	x 7	x 9	x 7	x 6	x 7	x 8

You CAN do it!

7 x 6	6 x 7	7 x 7	7 x 6	7 x 7	7 x 8	9 x 7
7 x 9	8 x 7	7 x 8	6 x 7	9 x 7	7 x 7	7 x 6
7 x 7	9 x 7	8 x 7	7 x 7	7 x 7	9 x 7	6 x 7
7 x 6	9 x 7	7 x 7	7 x 6	7 x 8	9 x 7	7 x 8
7 x 7	7 x 6	9 x 7	7 x 7	8 x 7	7 x 9	8 x 7
7 x 6	8 x 7	7 x 7	7 x 8	7 x 9	6 x 7	7 x 7
7 x 7	8 x 7	9 x 7	8 x 7	7 x 7	6 x 7	9 x 7
7 x 8	7 x 7	7 x 9	6 x 7	7 x 6	9 x 7	7 x 8

YOU = AMAZING!

You are AWESOME!

7 x 12	8 x 7	7 x 8	6 x 7	12 x 7	7 x 7	7 x 6
7 x 7	9 x 7	8 x 7	7 x 7	7 x 7	12 x 7	6 x 7
7 x 6	10 x 7	7 x 7	7 x 6	7 x 8	11 x 7	7 x 8
7 x 7	7 x 6	11 x 7	7 x 7	8 x 7	7 x 9	8 x 7
7 x 12	7 x 7	7 x 9	6 x 7	7 x 6	12 x 7	7 x 8
7 x 6	11 x 7	7 x 7	7 x 8	7 x 9	12 x 7	7 x 7
12 x 7	8 x 7	9 x 7	12 x 7	7 x 7	6 x 7	9 x 7
7 x 8	11 x 7	7 x 9	6 x 7	7 x 6	9 x 7	7 x 12

Keep going! >>>

Time: _____

7 x 12	11 x 7	7 x 2	4 x 7	12 x 7	7 x 3	7 x 6
7 x 5	8 x 7	9 x 7	7 x 7	7 x 7	12 x 7	4 x 7
7 x 3	12 x 7	7 x 4	7 x 5	7 x 8	11 x 7	7 x 9
7 x 2	7 x 6	11 x 7	7 x 7	8 x 7	7 x 4	5 x 7
7 x 12	4 x 7	7 x 9	6 x 7	7 x 3	12 x 7	7 x 2
7 x 6	11 x 7	7 x 7	7 x 8	7 x 9	12 x 7	7 x 3
12 x 7	4 x 7	6 x 7	12 x 7	5 x 7	6 x 7	9 x 7
7 x 8	11 x 7	7 x 5	6 x 7	7 x 4	9 x 3	7 x 12

YOU = AMAZING!

7 x 3	12 x 7	7 x 4	7 x 5	7 x 8	11 x 7	7 x 9
7 x 2	7 x 6	11 x 7	7 x 7	8 x 7	7 x 4	5 x 7
7 x 12	4 x 7	7 x 9	6 x 7	7 x 3	12 x 7	7 x 2
7 x 6	11 x 7	7 x 7	7 x 8	7 x 9	12 x 7	7 x 3
7 x 12	4 x 7	7 x 9	6 x 7	7 x 3	12 x 7	7 x 2
7 x 6	11 x 7	7 x 7	7 x 8	7 x 9	12 x 7	7 x 3
12 x 7	4 x 7	6 x 7	12 x 7	5 x 7	6 x 7	9 x 7
7 x 8	11 x 7	7 x 5	6 x 7	7 x 4	9 x 3	7 x 12

You CAN do it!

7 x 12	11 x 7	7 x 2	4 x 7	12 x 7	7 x 3	7 x 6
7 x 5	8 x 7	9 x 7	7 x 7	7 x 7	12 x 7	4 x 7
7 x 3	12 x 7	7 x 4	7 x 5	7 x 8	11 x 7	7 x 9
7 x 2	7 x 6	11 x 7	7 x 7	8 x 7	7 x 4	5 x 7
7 x 12	4 x 7	7 x 9	6 x 7	7 x 3	12 x 7	7 x 2
7 x 6	11 x 7	7 x 7	7 x 8	7 x 9	12 x 7	7 x 3
12 x 7	4 x 7	6 x 7	12 x 7	5 x 7	6 x 7	9 x 7
7 x 8	11 x 7	7 x 5	6 x 7	7 x 4	9 x 3	7 x 12

YOU = AMAZING!

You are AWESOME!

7 x 3	12 x 7	7 x 4	7 x 5	7 x 8	11 x 7	7 x 9
7 x 2	7 x 6	11 x 7	7 x 7	8 x 7	7 x 4	5 x 7
7 x 12	4 x 7	7 x 9	6 x 7	7 x 3	12 x 7	7 x 2
7 x 6	11 x 7	7 x 7	7 x 8	7 x 9	12 x 7	7 x 3
7 x 12	4 x 7	7 x 9	6 x 7	7 x 3	12 x 7	7 x 2
7 x 6	11 x 7	7 x 7	7 x 8	7 x 9	12 x 7	7 x 3
12 x 7	4 x 7	6 x 7	12 x 7	5 x 7	6 x 7	9 x 7
7 x 8	11 x 7	7 x 5	6 x 7	7 x 4	9 x 3	7 x 12

Keep going! >>> 81

You CAN do it!

8 x 1	8 x 2	2 x 8	8 x 3	3 x 8	8 x 4	3 x 8
8 x 4	5 x 8	8 x 5	4 x 8	8 x 3	2 x 8	1 x 8
8 x 5	4 x 8	8 x 3	8 x 1	2 x 8	8 x 3	4 x 8
8 x 5	3 x 8	8 x 2	0 x 8	8 x 3	4 x 8	8 x 4
1 x 8	8 x 0	2 x 8	8 x 3	5 x 8	8 x 4	3 x 8
8 x 4	5 x 8	8 x 5	4 x 8	8 x 3	2 x 8	1 x 8
8 x 5	4 x 8	8 x 3	8 x 1	2 x 8	8 x 3	4 x 8
8 x 5	3 x 8	8 x 2	0 x 8	8 x 3	4 x 8	8 x 4

YOU = AMAZING!

You are AWESOME!

8 x 1	8 x 2	2 x 8	8 x 3	3 x 8	8 x 4	3 x 8
8 x 4	5 x 8	8 x 5	4 x 8	8 x 3	2 x 8	1 x 8
8 x 5	4 x 8	8 x 3	8 x 1	2 x 8	8 x 3	4 x 8
8 x 5	3 x 8	8 x 2	0 x 8	8 x 3	4 x 8	8 x 4
1 x 8	8 x 0	2 x 8	8 x 3	5 x 8	8 x 4	3 x 8
8 x 4	5 x 8	8 x 5	4 x 8	8 x 3	2 x 8	1 x 8
8 x 1	4 x 8	8 x 3	8 x 5	2 x 8	8 x 3	4 x 8
8 x 5	3 x 8	8 x 2	0 x 8	8 x 3	4 x 8	8 x 4

You CAN do it!

8	8	2	8	3	8	3
x 1	x 2	x 8	x 3	x 8	x 4	x 8

8	5	8	4	8	2	1
x 4	x 8	x 5	x 8	x 3	x 8	x 8

8	4	8	8	2	8	4
x 5	x 8	x 3	x 1	x 8	x 3	x 8

8	3	8	0	8	4	8
x 5	x 8	x 2	x 8	x 3	x 8	x 4

1	8	2	8	5	8	3
x 8	x 0	x 8	x 3	x 8	x 4	x 8

8	5	8	4	8	2	1
x 4	x 8	x 5	x 8	x 3	x 8	x 8

8	4	8	8	2	8	4
x 5	x 8	x 3	x 1	x 8	x 3	x 8

8	3	8	0	8	4	8
x 5	x 8	x 2	x 8	x 3	x 8	x 4

YOU = AMAZING!

8 x 1	8 x 2	2 x 8	8 x 3	3 x 8	8 x 4	3 x 8
8 x 4	5 x 8	8 x 5	4 x 8	8 x 3	2 x 8	1 x 8
8 x 5	4 x 8	8 x 3	8 x 1	2 x 8	8 x 3	4 x 8
8 x 5	3 x 8	8 x 2	0 x 8	8 x 3	4 x 8	8 x 4
1 x 8	8 x 0	2 x 8	8 x 3	5 x 8	8 x 4	3 x 8
8 x 4	5 x 8	8 x 5	4 x 8	8 x 3	2 x 8	1 x 8
8 x 1	4 x 8	8 x 3	8 x 5	2 x 8	8 x 3	4 x 8
8 x 5	3 x 8	8 x 2	0 x 8	8 x 3	4 x 8	8 x 4

You CAN do it!

8 x 6	8 x 7	6 x 8	8 x 7	8 x 8	8 x 9	9 x 8
8 x 8	6 x 8	8 x 8	7 x 8	8 x 7	9 x 8	9 x 8
8 x 8	6 x 8	8 x 9	8 x 7	7 x 8	8 x 9	6 x 8
8 x 7	9 x 8	8 x 8	7 x 8	8 x 9	6 x 8	8 x 9
8 x 6	8 x 7	6 x 8	8 x 7	8 x 8	8 x 9	9 x 8
8 x 8	6 x 8	8 x 8	7 x 8	8 x 7	9 x 8	9 x 8
8 x 8	6 x 8	8 x 9	8 x 7	7 x 8	8 x 9	6 x 8
8 x 7	9 x 8	8 x 8	7 x 8	8 x 9	6 x 8	8 x 9

YOU = AMAZING!

8 x 8	6 x 8	8 x 8	7 x 8	8 x 7	9 x 8	9 x 8
8 x 8	6 x 8	8 x 9	8 x 7	7 x 8	8 x 9	6 x 8
8 x 7	9 x 8	8 x 8	7 x 8	8 x 9	6 x 8	8 x 9
8 x 6	8 x 7	6 x 8	8 x 7	8 x 8	8 x 9	9 x 8
8 x 7	9 x 8	8 x 8	7 x 8	8 x 9	6 x 8	8 x 9
8 x 8	6 x 8	8 x 8	7 x 8	8 x 7	9 x 8	9 x 8
8 x 8	6 x 8	8 x 9	8 x 7	7 x 8	8 x 9	6 x 8
8 x 7	9 x 8	8 x 8	7 x 8	8 x 9	6 x 8	8 x 9

You CAN do it!

8 x 6	8 x 7	6 x 8	8 x 7	8 x 8	8 x 9	9 x 8
8 x 8	6 x 8	8 x 8	7 x 8	8 x 7	9 x 8	9 x 8
8 x 8	6 x 8	8 x 9	8 x 7	7 x 8	8 x 9	6 x 8
8 x 7	9 x 8	8 x 8	7 x 8	8 x 9	6 x 8	8 x 9
8 x 6	8 x 7	6 x 8	8 x 7	8 x 8	8 x 9	9 x 8
8 x 8	6 x 8	8 x 8	7 x 8	8 x 7	9 x 8	9 x 8
8 x 8	6 x 8	8 x 9	8 x 7	7 x 8	8 x 9	6 x 8
8 x 7	9 x 8	8 x 8	7 x 8	8 x 9	6 x 8	8 x 9

YOU = AMAZING!

12	6	12	7	8	11	9
x 8	x 8	x 8	x 8	x 7	x 8	x 8

8	12	8	8	12	8	12
x 8	x 8	x 9	x 7	x 8	x 9	x 8

8	9	12	7	8	12	8
x 11	x 8	x 8	x 8	x 9	x 8	x 9

8	8	6	8	12	8	11
x 6	x 12	x 8	x 7	x 8	x 9	x 8

8	10	8	7	8	12	8
x 7	x 8	x 8	x 8	x 9	x 8	x 9

8	11	8	7	8	9	12
x 8	x 8	x 8	x 8	x 7	x 8	x 8

8	12	8	8	12	8	11
x 8	x 8	x 9	x 7	x 8	x 9	x 8

8	10	8	7	8	12	8
x 7	x 8	x 8	x 8	x 9	x 8	x 9

You CAN do it!

12 x 8	4 x 8	12 x 8	3 x 8	8 x 7	11 x 8	5 x 8
8 x 8	6 x 8	8 x 9	8 x 4	12 x 8	8 x 3	12 x 8
8 x 11	9 x 8	2 x 8	3 x 8	8 x 9	12 x 8	8 x 5
8 x 6	8 x 12	5 x 8	8 x 7	12 x 8	8 x 4	11 x 8
8 x 7	10 x 8	3 x 8	7 x 8	8 x 9	12 x 8	8 x 3
8 x 8	11 x 8	8 x 2	7 x 8	8 x 4	9 x 8	12 x 8
5 x 8	12 x 8	8 x 6	8 x 7	12 x 8	8 x 3	11 x 8
8 x 7	10 x 8	2 x 8	7 x 8	8 x 9	12 x 8	8 x 3

YOU = AMAZING!

You are AWESOME!

8 x 8	6 x 8	8 x 9	8 x 4	12 x 8	8 x 3	12 x 8
8 x 11	9 x 8	2 x 8	3 x 8	8 x 9	12 x 8	8 x 5
8 x 6	8 x 12	5 x 8	8 x 7	12 x 8	8 x 4	11 x 8
8 x 7	10 x 8	3 x 8	7 x 8	8 x 9	12 x 8	8 x 3
12 x 8	4 x 8	12 x 8	3 x 8	8 x 7	11 x 8	5 x 8
8 x 8	11 x 8	8 x 2	7 x 8	8 x 4	9 x 8	12 x 8
5 x 8	12 x 8	8 x 6	8 x 7	12 x 8	8 x 3	11 x 8
8 x 7	10 x 8	2 x 8	7 x 8	8 x 9	12 x 8	8 x 3

You CAN do it!

12	4	12	3	8	11	5
x 8	x 8	x 8	x 8	x 7	x 8	x 8

8	6	8	8	12	8	12
x 8	x 8	x 9	x 4	x 8	x 3	x 8

8	9	2	3	8	12	8
x 11	x 8	x 8	x 8	x 9	x 8	x 5

8	8	5	8	12	8	11
x 6	x 12	x 8	x 7	x 8	x 4	x 8

8	10	3	7	8	12	8
x 7	x 8	x 8	x 8	x 9	x 8	x 3

8	11	8	7	8	9	12
x 8	x 8	x 2	x 8	x 4	x 8	x 8

5	12	8	8	12	8	11
x 8	x 8	x 6	x 7	x 8	x 3	x 8

8	10	2	7	8	12	8
x 7	x 8	x 8	x 8	x 9	x 8	x 3

YOU = AMAZING!

8 x 8	6 x 8	8 x 9	8 x 4	12 x 8	8 x 3	12 x 8
8 x 11	9 x 8	2 x 8	3 x 8	8 x 9	12 x 8	8 x 5
8 x 6	8 x 12	5 x 8	8 x 7	12 x 8	8 x 4	11 x 8
8 x 7	10 x 8	3 x 8	7 x 8	8 x 9	12 x 8	8 x 3
12 x 8	4 x 8	12 x 8	3 x 8	8 x 7	11 x 8	5 x 8
8 x 8	11 x 8	8 x 2	7 x 8	8 x 4	9 x 8	12 x 8
5 x 8	12 x 8	8 x 6	8 x 7	12 x 8	8 x 3	11 x 8
8 x 7	10 x 8	2 x 8	7 x 8	8 x 9	12 x 8	8 x 3

You CAN do it!

9 x 1	9 x 2	2 x 9	3 x 9	4 x 9	3 x 9	4 x 9
9 x 5	9 x 2	5 x 9	3 x 9	5 x 9	9 x 4	3 x 9
9 x 3	4 x 9	5 x 9	9 x 2	5 x 9	9 x 4	2 x 9
3 x 9	9 x 5	4 x 9	9 x 4	3 x 9	9 x 5	2 x 9
9 x 1	9 x 2	2 x 9	3 x 9	4 x 9	3 x 9	4 x 9
9 x 5	9 x 2	5 x 9	3 x 9	5 x 9	9 x 4	3 x 9
9 x 3	4 x 9	5 x 9	9 x 2	5 x 9	9 x 4	2 x 9
3 x 9	9 x 5	4 x 9	9 x 4	3 x 9	9 x 5	2 x 9

YOU = AMAZING!

You are AWESOME!

9 x 3	4 x 9	5 x 9	9 x 2	5 x 9	9 x 4	2 x 9
3 x 9	9 x 5	4 x 9	9 x 4	3 x 9	9 x 5	2 x 9
9 x 1	9 x 2	2 x 9	3 x 9	4 x 9	3 x 9	4 x 9
9 x 5	9 x 2	5 x 9	3 x 9	5 x 9	9 x 4	3 x 9
9 x 1	9 x 2	2 x 9	3 x 9	4 x 9	3 x 9	4 x 9
9 x 5	9 x 2	5 x 9	3 x 9	5 x 9	9 x 4	3 x 9
9 x 3	4 x 9	5 x 9	9 x 2	5 x 9	9 x 4	2 x 9
3 x 9	9 x 5	4 x 9	9 x 4	3 x 9	9 x 5	2 x 9

Keep going! >>>

You CAN do it!

9 x 1	9 x 2	2 x 9	3 x 9	4 x 9	3 x 9	4 x 9
9 x 5	9 x 2	5 x 9	3 x 9	5 x 9	9 x 4	3 x 9
9 x 3	4 x 9	5 x 9	9 x 2	5 x 9	9 x 4	2 x 9
3 x 9	9 x 5	4 x 9	9 x 4	3 x 9	9 x 5	2 x 9
9 x 1	9 x 2	2 x 9	3 x 9	4 x 9	3 x 9	4 x 9
9 x 5	9 x 2	5 x 9	3 x 9	5 x 9	9 x 4	3 x 9
9 x 3	4 x 9	5 x 9	9 x 2	5 x 9	9 x 4	2 x 9
3 x 9	9 x 5	4 x 9	9 x 4	3 x 9	9 x 5	2 x 9

YOU = AMAZING!

You are AWESOME!

9 x 3	4 x 9	5 x 9	9 x 2	5 x 9	9 x 4	2 x 9
3 x 9	9 x 5	4 x 9	9 x 4	3 x 9	9 x 5	2 x 9
9 x 1	9 x 2	2 x 9	3 x 9	4 x 9	3 x 9	4 x 9
9 x 5	9 x 2	5 x 9	3 x 9	5 x 9	9 x 4	3 x 9
9 x 1	9 x 2	2 x 9	3 x 9	4 x 9	3 x 9	4 x 9
9 x 5	9 x 2	5 x 9	3 x 9	5 x 9	9 x 4	3 x 9
9 x 3	4 x 9	5 x 9	9 x 2	5 x 9	9 x 4	2 x 9
3 x 9	9 x 5	4 x 9	9 x 4	3 x 9	9 x 5	2 x 9

Keep going! >>>

You CAN do it!

9	7	7	9	9	9	6
x 6	x 9	x 9	x 8	x 9	x 7	x 9

9	9	8	9	7	9	6
x 6	x 7	x 9	x 9	x 9	x 8	x 9

9	9	8	7	9	6	7
x 6	x 9	x 9	x 9	x 9	x 9	x 9

9	9	9	9	8	9	6
x 7	x 8	x 9	x 9	x 9	x 7	x 9

9	7	7	9	9	9	6
x 6	x 9	x 9	x 8	x 9	x 7	x 9

9	9	8	9	7	9	6
x 6	x 7	x 9	x 9	x 9	x 8	x 9

9	9	8	7	9	6	7
x 6	x 9	x 9	x 9	x 9	x 9	x 9

9	9	9	9	8	9	6
x 7	x 8	x 9	x 9	x 9	x 7	x 9

YOU = AMAZING!

You are AWESOME!

9 x 6	9 x 9	8 x 9	7 x 9	9 x 9	6 x 9	7 x 9
9 x 7	9 x 8	9 x 9	9 x 9	8 x 9	9 x 7	6 x 9
9 x 6	7 x 9	7 x 9	9 x 8	9 x 9	9 x 7	6 x 9
9 x 6	9 x 7	8 x 9	9 x 9	7 x 9	9 x 8	6 x 9
9 x 6	7 x 9	7 x 9	9 x 8	9 x 9	9 x 7	6 x 9
9 x 6	9 x 7	8 x 9	9 x 9	7 x 9	9 x 8	6 x 9
9 x 6	9 x 9	8 x 9	7 x 9	9 x 9	6 x 9	7 x 9
9 x 7	9 x 8	9 x 9	9 x 9	8 x 9	9 x 7	6 x 9

You CAN do it!

9 x 6	7 x 9	7 x 9	9 x 8	9 x 9	9 x 7	6 x 9
9 x 6	9 x 7	8 x 9	9 x 9	7 x 9	9 x 8	6 x 9
9 x 6	9 x 9	8 x 9	7 x 9	9 x 9	6 x 9	7 x 9
9 x 7	9 x 8	9 x 9	9 x 9	8 x 9	9 x 7	6 x 9
9 x 6	7 x 9	7 x 9	9 x 8	9 x 9	9 x 7	6 x 9
9 x 6	9 x 7	8 x 9	9 x 9	7 x 9	9 x 8	6 x 9
9 x 6	9 x 9	8 x 9	7 x 9	9 x 9	6 x 9	7 x 9
9 x 7	9 x 8	9 x 9	9 x 9	8 x 9	9 x 7	6 x 9

YOU = AMAZING!

9 x 6	11 x 9	12 x 9	7 x 9	9 x 9	12 x 9	7 x 9
9 x 7	9 x 8	9 x 9	12 x 9	8 x 9	9 x 7	11 x 9
9 x 6	12 x 9	7 x 9	9 x 8	9 x 9	9 x 12	6 x 9
9 x 6	9 x 7	12 x 9	9 x 9	7 x 9	9 x 8	11 x 9
9 x 6	11 x 9	12 x 9	7 x 9	9 x 9	12 x 9	7 x 9
9 x 7	9 x 8	9 x 9	12 x 9	8 x 9	9 x 7	11 x 9
9 x 6	12 x 9	7 x 9	9 x 8	9 x 9	9 x 12	6 x 9
9 x 6	9 x 7	12 x 9	9 x 9	7 x 9	9 x 8	11 x 9

You CAN do it!

9 x 6	11 x 9	12 x 9	7 x 9	4 x 9	12 x 9	7 x 9
9 x 7	9 x 5	9 x 9	12 x 9	4 x 9	9 x 7	11 x 9
9 x 2	12 x 9	7 x 9	9 x 8	3 x 9	9 x 12	6 x 9
9 x 6	9 x 7	12 x 9	9 x 9	5 x 9	9 x 8	11 x 9
9 x 6	4 x 9	12 x 9	7 x 9	9 x 9	12 x 9	3 x 9
9 x 7	9 x 2	9 x 9	12 x 9	8 x 9	9 x 2	11 x 9
9 x 4	12 x 9	7 x 9	9 x 8	9 x 3	9 x 12	6 x 9
9 x 6	9 x 5	12 x 9	9 x 9	7 x 9	9 x 3	2 x 9

YOU = AMAZING!

You are AWESOME!

9	12	7	9	3	9	6
x 2	x 9	x 9	x 8	x 9	x 12	x 9

9	9	12	9	5	9	11
x 6	x 7	x 9	x 9	x 9	x 8	x 9

9	4	12	7	9	12	3
x 6	x 9	x 9	x 9	x 9	x 9	x 9

9	9	9	12	8	9	11
x 7	x 2	x 9	x 9	x 9	x 2	x 9

9	4	12	7	9	12	3
x 6	x 9	x 9	x 9	x 9	x 9	x 9

9	9	9	12	8	9	11
x 7	x 2	x 9	x 9	x 9	x 2	x 9

9	12	7	9	9	9	6
x 4	x 9	x 9	x 8	x 3	x 12	x 9

9	9	12	9	7	9	2
x 6	x 5	x 9	x 9	x 9	x 3	x 9

Keep going! >>>

You CAN do it!

9 x 6	11 x 9	12 x 9	7 x 9	4 x 9	12 x 9	7 x 9
9 x 7	9 x 5	9 x 9	12 x 9	4 x 9	9 x 7	11 x 9
9 x 2	12 x 9	7 x 9	9 x 8	3 x 9	9 x 12	6 x 9
9 x 6	9 x 7	12 x 9	9 x 9	5 x 9	9 x 8	11 x 9
9 x 6	4 x 9	12 x 9	7 x 9	9 x 9	12 x 9	3 x 9
9 x 7	9 x 2	9 x 9	12 x 9	8 x 9	9 x 2	11 x 9
9 x 4	12 x 9	7 x 9	9 x 8	9 x 3	9 x 12	6 x 9
9 x 6	9 x 5	12 x 9	9 x 9	7 x 9	9 x 3	2 x 9

YOU = AMAZING!

9 x 2	12 x 9	7 x 9	9 x 8	3 x 9	9 x 12	6 x 9
9 x 6	9 x 7	12 x 9	9 x 9	5 x 9	9 x 8	11 x 9
9 x 6	4 x 9	12 x 9	7 x 9	9 x 9	12 x 9	3 x 9
9 x 7	9 x 2	9 x 9	12 x 9	8 x 9	9 x 2	11 x 9
9 x 6	4 x 9	12 x 9	7 x 9	9 x 9	12 x 9	3 x 9
9 x 7	9 x 2	9 x 9	12 x 9	8 x 9	9 x 2	11 x 9
9 x 4	12 x 9	7 x 9	9 x 8	9 x 3	9 x 12	6 x 9
9 x 6	9 x 5	12 x 9	9 x 9	7 x 9	9 x 3	2 x 9

You CAN do it!

10 x 2	10 x 3	4 x 10	10 x 5	10 x 2	5 x 10	10 x 4
10 x 3	2 x 10	10 x 3	10 x 4	5 x 10	10 x 4	3 x 10
10 x 4	4 x 10	10 x 2	10 x 0	10 x 3	10 x 5	3 x 10
10 x 5	10 x 3	10 x 4	10 x 1	2 x 10	10 x 3	10 x 5
10 x 2	10 x 3	4 x 10	10 x 5	10 x 2	5 x 10	10 x 4
10 x 3	2 x 10	10 x 3	10 x 4	5 x 10	10 x 4	3 x 10
10 x 4	4 x 10	10 x 2	10 x 0	10 x 3	10 x 5	3 x 10
10 x 5	10 x 3	10 x 4	10 x 1	2 x 10	10 x 3	10 x 5

YOU = AMAZING!

You are AWESOME!

10	4	10	10	10	10	3
x 4	x 10	x 2	x 0	x 3	x 5	x 10

10	10	10	10	2	10	10
x 5	x 3	x 4	x 1	x 10	x 3	x 5

10	10	4	10	10	5	10
x 2	x 3	x 10	x 5	x 2	x 10	x 4

10	2	10	10	5	10	3
x 3	x 10	x 3	x 4	x 10	x 4	x 10

10	10	4	10	10	5	10
x 2	x 3	x 10	x 5	x 2	x 10	x 4

10	2	10	10	5	10	3
x 3	x 10	x 3	x 4	x 10	x 4	x 10

10	4	10	10	10	10	3
x 4	x 10	x 2	x 0	x 3	x 5	x 10

10	10	10	10	2	10	10
x 5	x 3	x 4	x 1	x 10	x 3	x 5

Keep going! >>>

You CAN do it!

10 x 2	10 x 3	4 x 10	10 x 5	10 x 2	5 x 10	10 x 4
10 x 3	2 x 10	10 x 3	10 x 4	5 x 10	10 x 4	3 x 10
10 x 4	4 x 10	10 x 2	10 x 0	10 x 3	10 x 5	3 x 10
10 x 5	10 x 3	10 x 4	10 x 1	2 x 10	10 x 3	10 x 5
10 x 2	10 x 3	4 x 10	10 x 5	10 x 2	5 x 10	10 x 4
10 x 3	2 x 10	10 x 3	10 x 4	5 x 10	10 x 4	3 x 10
10 x 4	4 x 10	10 x 2	10 x 0	10 x 3	10 x 5	3 x 10
10 x 5	10 x 3	10 x 4	10 x 1	2 x 10	10 x 3	10 x 5

YOU = AMAZING!

10 x 4	4 x 10	10 x 2	10 x 0	10 x 3	10 x 5	3 x 10
10 x 5	10 x 3	10 x 4	10 x 1	2 x 10	10 x 3	10 x 5
10 x 2	10 x 3	4 x 10	10 x 5	10 x 2	5 x 10	10 x 4
10 x 3	2 x 10	10 x 3	10 x 4	5 x 10	10 x 4	3 x 10
10 x 2	10 x 3	4 x 10	10 x 5	10 x 2	5 x 10	10 x 4
10 x 3	2 x 10	10 x 3	10 x 4	5 x 10	10 x 4	3 x 10
10 x 4	4 x 10	10 x 2	10 x 0	10 x 3	10 x 5	3 x 10
10 x 5	10 x 3	10 x 4	10 x 1	2 x 10	10 x 3	10 x 5

You CAN do it!

10 x 6	10 x 7	8 x 10	10 x 9	10 x 10	7 x 10	10 x 6
10 x 7	8 x 10	10 x 9	10 x 6	8 x 10	10 x 7	10 x 10
10 x 8	6 x 10	10 x 7	10 x 9	10 x 8	10 x 9	11 x 10
10 x 12	10 x 6	10 x 8	10 x 9	11 x 10	10 x 6	10 x 7
10 x 6	10 x 7	8 x 10	10 x 9	10 x 10	7 x 10	10 x 6
10 x 7	8 x 10	10 x 9	10 x 6	8 x 10	10 x 7	10 x 10
10 x 8	6 x 10	10 x 7	10 x 9	10 x 8	10 x 9	11 x 10
10 x 12	10 x 6	10 x 8	10 x 9	11 x 10	10 x 6	10 x 7

YOU = AMAZING!

You are AWESOME!

10	10	8	10	10	7	10
x 6	x 7	x 10	x 9	x 10	x 10	x 6

10	6	10	10	10	10	11
x 8	x 10	x 7	x 9	x 8	x 9	x 10

10	10	10	10	11	10	10
x 12	x 6	x 8	x 9	x 10	x 6	x 7

10	10	8	10	10	7	10
x 6	x 7	x 10	x 9	x 10	x 10	x 6

10	8	10	10	8	10	10
x 7	x 10	x 9	x 6	x 10	x 7	x 10

10	10	8	10	10	7	10
x 6	x 7	x 10	x 9	x 10	x 10	x 6

10	6	10	10	10	10	11
x 8	x 10	x 7	x 9	x 8	x 9	x 10

10	10	10	10	11	10	10
x 12	x 6	x 8	x 9	x 10	x 6	x 7

Keep going! >>>

You CAN do it!

10 x 6	10 x 7	8 x 10	10 x 9	10 x 10	7 x 10	10 x 6
10 x 7	8 x 10	10 x 9	10 x 6	8 x 10	10 x 7	10 x 10
10 x 8	6 x 10	10 x 7	10 x 9	10 x 8	10 x 9	11 x 10
10 x 12	10 x 6	10 x 8	10 x 9	11 x 10	10 x 6	10 x 7
10 x 6	10 x 7	8 x 10	10 x 9	10 x 10	7 x 10	10 x 6
10 x 7	8 x 10	10 x 9	10 x 6	8 x 10	10 x 7	10 x 10
10 x 8	6 x 10	10 x 7	10 x 9	10 x 8	10 x 9	11 x 10
10 x 12	10 x 6	10 x 8	10 x 9	11 x 10	10 x 6	10 x 7

YOU = AMAZING!

10	10	8	10	10	7	10
x 6	x 7	x 10	x 9	x 10	x 10	x 6

10	6	10	10	10	10	11
x 8	x 10	x 7	x 9	x 8	x 9	x 10

10	10	10	10	11	10	10
x 12	x 6	x 8	x 9	x 10	x 6	x 7

10	10	8	10	10	7	10
x 6	x 7	x 10	x 9	x 10	x 10	x 6

10	8	10	10	8	10	10
x 7	x 10	x 9	x 6	x 10	x 7	x 10

10	10	8	10	10	7	10
x 6	x 7	x 10	x 9	x 10	x 10	x 6

10	6	10	10	10	10	11
x 8	x 10	x 7	x 9	x 8	x 9	x 10

10	10	10	10	11	10	10
x 12	x 6	x 8	x 9	x 10	x 6	x 7

You CAN do it!

10 x 3	10 x 4	8 x 10	10 x 5	10 x 10	5 x 10	10 x 6
10 x 8	5 x 10	10 x 7	10 x 9	10 x 4	10 x 2	5 x 10
10 x 12	10 x 3	10 x 8	10 x 5	11 x 10	10 x 6	10 x 2
10 x 6	10 x 7	8 x 10	10 x 2	10 x 10	7 x 10	10 x 6
10 x 7	8 x 10	10 x 3	10 x 6	8 x 10	10 x 7	10 x 10
10 x 5	10 x 7	8 x 10	10 x 9	10 x 10	4 x 10	10 x 6
10 x 8	3 x 10	10 x 7	10 x 9	10 x 8	10 x 2	11 x 10
10 x 12	10 x 4	10 x 8	10 x 9	11 x 10	10 x 5	10 x 7

YOU = AMAZING!

10	10	8	10	10	7	10
x 6	x 7	x 10	x 2	x 10	x 10	x 6

10	8	10	10	8	10	10
x 7	x 10	x 3	x 6	x 10	x 7	x 10

10	10	8	10	10	4	10
x 5	x 7	x 10	x 9	x 10	x 10	x 6

10	3	10	10	10	10	11
x 8	x 10	x 7	x 9	x 8	x 2	x 10

10	8	10	10	8	10	10
x 7	x 10	x 3	x 6	x 10	x 7	x 10

10	10	8	10	10	4	10
x 5	x 7	x 10	x 9	x 10	x 10	x 6

10	3	10	10	10	10	11
x 8	x 10	x 7	x 9	x 8	x 2	x 10

10	10	10	10	11	10	10
x 12	x 4	x 8	x 9	x 10	x 5	x 7

You CAN do it!

10	10	8	10	10	5	10
x 3	x 4	x 10	x 5	x 10	x 10	x 6

10	5	10	10	10	10	5
x 8	x 10	x 7	x 9	x 4	x 2	x 10

10	10	10	10	11	10	10
x 12	x 3	x 8	x 5	x 10	x 6	x 2

10	10	8	10	10	7	10
x 6	x 7	x 10	x 2	x 10	x 10	x 6

10	8	10	10	8	10	10
x 7	x 10	x 3	x 6	x 10	x 7	x 10

10	10	8	10	10	4	10
x 5	x 7	x 10	x 9	x 10	x 10	x 6

10	3	10	10	10	10	11
x 8	x 10	x 7	x 9	x 8	x 2	x 10

10	10	10	10	11	10	10
x 12	x 4	x 8	x 9	x 10	x 5	x 7

YOU = AMAZING!

You are AWESOME!

10 x 6	10 x 7	8 x 10	10 x 2	10 x 10	7 x 10	10 x 6
10 x 7	8 x 10	10 x 3	10 x 6	8 x 10	10 x 7	10 x 10
10 x 5	10 x 7	8 x 10	10 x 9	10 x 10	4 x 10	10 x 6
10 x 8	3 x 10	10 x 7	10 x 9	10 x 8	10 x 2	11 x 10
10 x 7	8 x 10	10 x 3	10 x 6	8 x 10	10 x 7	10 x 10
10 x 5	10 x 7	8 x 10	10 x 9	10 x 10	4 x 10	10 x 6
10 x 8	3 x 10	10 x 7	10 x 9	10 x 8	10 x 2	11 x 10
10 x 12	10 x 4	10 x 8	10 x 9	11 x 10	10 x 5	10 x 7

Keep going! >>>

You CAN do it!

11	11	4	11	11	5	11
x 2	x 3	x 11	x 5	x 2	x 11	x 4

11	2	11	11	5	11	3
x 3	x 11	x 3	x 4	x 11	x 4	x 11

11	4	11	11	11	11	3
x 4	x 11	x 2	x 0	x 3	x 5	x 11

11	11	11	11	2	11	11
x 5	x 3	x 4	x 1	x 11	x 3	x 5

11	11	4	11	11	5	11
x 2	x 3	x 11	x 5	x 2	x 11	x 4

11	2	11	11	5	11	3
x 3	x 11	x 3	x 4	x 11	x 4	x 11

11	4	11	11	11	11	3
x 4	x 11	x 2	x 0	x 3	x 5	x 11

11	11	11	11	2	11	11
x 5	x 3	x 4	x 1	x 11	x 3	x 5

YOU = AMAZING!

11 x 4	4 x 11	11 x 2	11 x 0	11 x 3	11 x 5	3 x 11
11 x 5	11 x 3	11 x 4	11 x 1	2 x 11	11 x 3	11 x 5
11 x 2	11 x 3	4 x 11	11 x 5	11 x 2	5 x 11	11 x 4
11 x 3	2 x 11	11 x 3	11 x 4	5 x 11	11 x 4	3 x 11
11 x 2	11 x 3	4 x 11	11 x 5	11 x 2	5 x 11	11 x 4
11 x 3	2 x 11	11 x 3	11 x 4	5 x 11	11 x 4	3 x 11
11 x 4	4 x 11	11 x 2	11 x 0	11 x 3	11 x 5	3 x 11
11 x 5	11 x 3	11 x 4	11 x 1	2 x 11	11 x 3	11 x 5

11 x 2	11 x 3	4 x 11	11 x 5	11 x 2	5 x 11	11 x 4
11 x 3	2 x 11	11 x 3	11 x 4	5 x 11	11 x 4	3 x 11
11 x 4	4 x 11	11 x 2	11 x 0	11 x 3	11 x 5	3 x 11
11 x 5	11 x 3	11 x 4	11 x 1	2 x 11	11 x 3	11 x 5
11 x 2	11 x 3	4 x 11	11 x 5	11 x 2	5 x 11	11 x 4
11 x 3	2 x 11	11 x 3	11 x 4	5 x 11	11 x 4	3 x 11
11 x 4	4 x 11	11 x 2	11 x 0	11 x 3	11 x 5	3 x 11
11 x 5	11 x 3	11 x 4	11 x 1	2 x 11	11 x 3	11 x 5

Time: _____

YOU = AMAZING!

You are AWESOME!

11 x 4	4 x 11	11 x 2	11 x 0	11 x 3	11 x 5	3 x 11
11 x 5	11 x 3	11 x 4	11 x 1	2 x 11	11 x 3	11 x 5
11 x 2	11 x 3	4 x 11	11 x 5	11 x 2	5 x 11	11 x 4
11 x 3	2 x 11	11 x 3	11 x 4	5 x 11	11 x 4	3 x 11
11 x 2	11 x 3	4 x 11	11 x 5	11 x 2	5 x 11	11 x 4
11 x 3	2 x 11	11 x 3	11 x 4	5 x 11	11 x 4	3 x 11
11 x 4	4 x 11	11 x 2	11 x 0	11 x 3	11 x 5	3 x 11
11 x 5	11 x 3	11 x 4	11 x 1	2 x 11	11 x 3	11 x 5

You CAN do it!

11	11	8	11	11	7	11
x 6	x 7	x 11	x 9	x 10	x 11	x 6

11	8	11	11	8	11	10
x 7	x 11	x 9	x 6	x 11	x 7	x 11

11	6	11	11	11	11	11
x 8	x 11	x 7	x 9	x 8	x 9	x 10

11	11	11	11	11	11	11
x 12	x 6	x 8	x 9	x 10	x 6	x 7

11	11	8	11	11	7	11
x 6	x 7	x 11	x 9	x 10	x 11	x 6

11	8	11	11	8	11	10
x 7	x 11	x 9	x 6	x 11	x 7	x 11

11	6	11	11	11	11	11
x 8	x 11	x 7	x 9	x 8	x 9	x 10

11	11	11	11	11	11	11
x 12	x 6	x 8	x 9	x 10	x 6	x 7

YOU = AMAZING!

11	6	11	11	11	11	11
x 8	x 11	x 7	x 9	x 8	x 9	x 10

11	11	11	11	11	11	11
x 12	x 6	x 8	x 9	x 10	x 6	x 7

11	11	8	11	11	7	11
x 6	x 7	x 11	x 9	x 10	x 11	x 6

11	8	11	11	8	11	10
x 7	x 11	x 9	x 6	x 11	x 7	x 11

11	11	8	11	11	7	11
x 6	x 7	x 11	x 9	x 10	x 11	x 6

11	8	11	11	8	11	10
x 7	x 11	x 9	x 6	x 11	x 7	x 11

11	6	11	11	11	11	11
x 8	x 11	x 7	x 9	x 8	x 9	x 10

11	11	11	11	11	11	11
x 12	x 6	x 8	x 9	x 10	x 6	x 7

You CAN do it!

11 x 6	11 x 7	8 x 11	11 x 9	11 x 11	7 x 11	11 x 6
11 x 7	8 x 11	11 x 9	11 x 6	8 x 11	11 x 7	10 x 11
11 x 8	11 x 11	11 x 7	11 x 9	11 x 8	11 x 9	11 x 10
11 x 12	11 x 6	11 x 8	11 x 9	11 x 10	11 x 6	11 x 7
11 x 6	11 x 7	8 x 11	11 x 9	11 x 11	7 x 11	11 x 6
11 x 7	8 x 11	11 x 9	11 x 6	8 x 11	11 x 7	10 x 11
11 x 8	6 x 11	11 x 7	11 x 9	11 x 8	11 x 9	11 x 10
11 x 11	11 x 6	11 x 8	11 x 9	11 x 10	11 x 6	11 x 7

YOU = AMAZING!

You are AWESOME!

11 x 8	6 x 11	11 x 7	11 x 9	11 x 8	11 x 9	11 x 10
11 x 12	11 x 6	11 x 8	11 x 9	11 x 10	11 x 6	11 x 7
11 x 6	11 x 7	8 x 11	11 x 9	11 x 11	7 x 11	11 x 6
11 x 11	8 x 11	11 x 9	11 x 6	8 x 11	11 x 7	10 x 11
11 x 6	11 x 7	8 x 11	11 x 9	11 x 11	7 x 11	11 x 6
11 x 7	8 x 11	11 x 9	11 x 6	8 x 11	11 x 7	10 x 11
11 x 8	6 x 11	11 x 7	11 x 9	11 x 8	11 x 9	11 x 10
11 x 12	11 x 6	11 x 8	11 x 9	11 x 10	11 x 6	11 x 7

You CAN do it!

11 x 3	11 x 4	8 x 11	11 x 5	10 x 11	5 x 11	11 x 6
11 x 8	5 x 11	11 x 7	11 x 9	11 x 4	11 x 2	5 x 11
11 x 12	11 x 3	11 x 8	11 x 5	11 x 11	11 x 6	11 x 2
11 x 6	11 x 7	8 x 11	11 x 2	10 x 11	7 x 11	11 x 6
11 x 7	8 x 11	11 x 3	11 x 6	8 x 11	11 x 7	11 x 12
11 x 5	11 x 7	8 x 11	11 x 9	11 x 10	4 x 11	11 x 6
11 x 8	3 x 11	11 x 7	11 x 9	11 x 8	11 x 2	11 x 10
11 x 11	11 x 4	11 x 8	11 x 9	11 x 10	11 x 5	11 x 7

YOU = AMAZING!

You are AWESOME!

11 x 8	5 x 11	11 x 7	11 x 9	11 x 4	11 x 2	5 x 11
11 x 12	11 x 3	11 x 8	11 x 5	11 x 11	11 x 6	11 x 2
11 x 6	11 x 7	8 x 11	11 x 2	10 x 11	7 x 11	11 x 6
11 x 7	8 x 11	11 x 3	11 x 6	8 x 11	11 x 7	11 x 12
11 x 3	11 x 4	8 x 11	11 x 5	10 x 11	5 x 11	11 x 6
11 x 5	11 x 7	8 x 11	11 x 9	11 x 10	4 x 11	11 x 6
11 x 8	3 x 11	11 x 7	11 x 9	11 x 8	11 x 2	11 x 10
11 x 11	11 x 4	11 x 8	11 x 9	11 x 10	11 x 5	11 x 7

Keep going! >>>

You CAN do it!

11 x 3	11 x 4	8 x 11	11 x 5	10 x 11	5 x 11	11 x 6
11 x 8	5 x 11	11 x 7	11 x 9	11 x 4	11 x 2	5 x 11
11 x 12	11 x 3	11 x 8	11 x 5	11 x 11	11 x 6	11 x 2
11 x 6	11 x 7	8 x 11	11 x 2	10 x 11	7 x 11	11 x 6
11 x 7	8 x 11	11 x 3	11 x 6	8 x 11	11 x 7	11 x 12
11 x 5	11 x 7	8 x 11	11 x 9	11 x 10	4 x 11	11 x 6
11 x 8	3 x 11	11 x 7	11 x 9	11 x 8	11 x 2	11 x 10
11 x 11	11 x 4	11 x 8	11 x 9	11 x 10	11 x 5	11 x 7

YOU = AMAZING!

You are AWESOME!

11 x 8	5 x 11	11 x 7	11 x 9	11 x 4	11 x 2	5 x 11
11 x 12	11 x 3	11 x 8	11 x 5	11 x 11	11 x 6	11 x 2
11 x 6	11 x 7	8 x 11	11 x 2	10 x 11	7 x 11	11 x 6
11 x 7	8 x 11	11 x 3	11 x 6	8 x 11	11 x 7	11 x 12
11 x 3	11 x 4	8 x 11	11 x 5	10 x 11	5 x 11	11 x 6
11 x 5	11 x 7	8 x 11	11 x 9	11 x 10	4 x 11	11 x 6
11 x 8	3 x 11	11 x 7	11 x 9	11 x 8	11 x 2	11 x 10
11 x 11	11 x 4	11 x 8	11 x 9	11 x 10	11 x 5	11 x 7

Keep going! >>>

You CAN do it!

12 x 2	12 x 3	4 x 12	12 x 5	12 x 2	5 x 12	12 x 4
12 x 3	2 x 12	12 x 3	12 x 4	5 x 12	12 x 4	3 x 12
12 x 4	4 x 12	12 x 2	12 x 0	12 x 3	12 x 5	3 x 12
12 x 5	12 x 3	12 x 4	12 x 1	2 x 12	12 x 3	12 x 5
12 x 2	12 x 3	4 x 12	12 x 5	12 x 2	5 x 12	12 x 4
12 x 3	2 x 12	12 x 3	12 x 4	5 x 12	12 x 4	3 x 12
12 x 4	4 x 12	12 x 2	12 x 0	12 x 3	12 x 5	3 x 12
12 x 5	12 x 3	12 x 4	12 x 1	2 x 12	12 x 3	12 x 5

YOU = AMAZING!

12 x 4	4 x 12	12 x 2	12 x 0	12 x 3	12 x 5	3 x 12
12 x 5	12 x 3	12 x 4	12 x 1	2 x 12	12 x 3	12 x 5
12 x 2	12 x 3	4 x 12	12 x 5	12 x 2	5 x 12	12 x 4
12 x 3	2 x 12	12 x 3	12 x 4	5 x 12	12 x 4	3 x 12
12 x 2	12 x 3	4 x 12	12 x 5	12 x 2	5 x 12	12 x 4
12 x 3	2 x 12	12 x 3	12 x 4	5 x 12	12 x 4	3 x 12
12 x 4	4 x 12	12 x 2	12 x 0	12 x 3	12 x 5	3 x 12
12 x 5	12 x 3	12 x 4	12 x 1	2 x 12	12 x 3	12 x 5

Time: _____

12 x 2	12 x 3	4 x 12	12 x 5	12 x 2	5 x 12	12 x 4
12 x 3	2 x 12	12 x 3	12 x 4	5 x 12	12 x 4	3 x 12
12 x 4	4 x 12	12 x 2	12 x 0	12 x 3	12 x 5	3 x 12
12 x 5	12 x 3	12 x 4	12 x 1	2 x 12	12 x 3	12 x 5
12 x 2	12 x 3	4 x 12	12 x 5	12 x 2	5 x 12	12 x 4
12 x 3	2 x 12	12 x 3	12 x 4	5 x 12	12 x 4	3 x 12
12 x 4	4 x 12	12 x 2	12 x 0	12 x 3	12 x 5	3 x 12
12 x 5	12 x 3	12 x 4	12 x 1	2 x 12	12 x 3	12 x 5

YOU = AMAZING!

12 x 4	4 x 12	12 x 2	12 x 0	12 x 3	12 x 5	3 x 12
12 x 5	12 x 3	12 x 4	12 x 1	2 x 12	12 x 3	12 x 5
12 x 2	12 x 3	4 x 12	12 x 5	12 x 2	5 x 12	12 x 4
12 x 3	2 x 12	12 x 3	12 x 4	5 x 12	12 x 4	3 x 12
12 x 2	12 x 3	4 x 12	12 x 5	12 x 2	5 x 12	12 x 4
12 x 3	2 x 12	12 x 3	12 x 4	5 x 12	12 x 4	3 x 12
12 x 4	4 x 12	12 x 2	12 x 0	12 x 3	12 x 5	3 x 12
12 x 5	12 x 3	12 x 4	12 x 1	2 x 12	12 x 3	12 x 5

12 x 6	12 x 7	8 x 12	12 x 9	12 x 10	7 x 12	12 x 6
12 x 7	8 x 12	12 x 9	12 x 6	8 x 12	12 x 7	10 x 12
12 x 8	6 x 12	12 x 7	12 x 9	12 x 8	12 x 9	12 x 10
11 x 12	12 x 6	12 x 8	12 x 9	12 x 10	12 x 6	12 x 7
12 x 6	12 x 7	8 x 12	12 x 9	12 x 10	7 x 12	12 x 6
12 x 7	8 x 12	12 x 9	12 x 6	8 x 12	12 x 7	10 x 12
12 x 8	6 x 12	12 x 7	12 x 9	12 x 8	12 x 9	12 x 10
11 x 12	12 x 6	12 x 8	12 x 9	12 x 10	12 x 6	12 x 7

Time: _____

YOU = AMAZING!

11	12	12	12	12	12	12
x 12	x 6	x 8	x 9	x 10	x 6	x 7

12	12	8	12	12	7	12
x 6	x 7	x 12	x 9	x 10	x 12	x 6

12	8	12	12	8	12	10
x 7	x 12	x 9	x 6	x 12	x 7	x 12

12	6	12	12	12	12	12
x 8	x 12	x 7	x 9	x 8	x 9	x 10

12	12	8	12	12	7	12
x 6	x 7	x 12	x 9	x 10	x 12	x 6

12	8	12	12	8	12	10
x 7	x 12	x 9	x 6	x 12	x 7	x 12

12	6	12	12	12	12	12
x 8	x 12	x 7	x 9	x 8	x 9	x 10

11	12	12	12	12	12	12
x 12	x 6	x 8	x 9	x 10	x 6	x 7

12 x 6	12 x 7	8 x 12	12 x 9	12 x 10	7 x 12	12 x 6
12 x 7	8 x 12	12 x 9	12 x 6	8 x 12	12 x 7	10 x 12
12 x 8	6 x 12	12 x 7	12 x 9	12 x 8	12 x 9	12 x 10
11 x 12	12 x 6	12 x 8	12 x 9	12 x 10	12 x 6	12 x 7
12 x 6	12 x 7	8 x 12	12 x 9	12 x 10	7 x 12	12 x 6
12 x 7	8 x 12	12 x 9	12 x 6	8 x 12	12 x 7	10 x 12
12 x 8	6 x 12	12 x 7	12 x 9	12 x 8	12 x 9	12 x 10
11 x 12	12 x 6	12 x 8	12 x 9	12 x 10	12 x 6	12 x 7

Time: _____

YOU = AMAZING!

You are AWESOME!

11 x 12	12 x 6	12 x 8	12 x 9	12 x 10	12 x 6	12 x 7
12 x 6	12 x 7	8 x 12	12 x 9	12 x 10	7 x 12	12 x 6
12 x 7	8 x 12	12 x 9	12 x 6	8 x 12	12 x 7	10 x 12
12 x 8	6 x 12	12 x 7	12 x 9	12 x 8	12 x 9	12 x 10
12 x 6	12 x 7	8 x 12	12 x 9	12 x 10	7 x 12	12 x 6
12 x 7	8 x 12	12 x 9	12 x 6	8 x 12	12 x 7	10 x 12
12 x 8	6 x 12	12 x 7	12 x 9	12 x 8	12 x 9	12 x 10
11 x 12	12 x 6	12 x 8	12 x 9	12 x 10	12 x 6	12 x 7

Time: _____

12 x 3	12 x 4	8 x 12	12 x 5	10 x 12	5 x 12	12 x 6
12 x 8	5 x 12	12 x 7	12 x 9	12 x 4	12 x 2	5 x 12
11 x 12	12 x 3	12 x 8	12 x 5	11 x 12	12 x 6	12 x 2
12 x 6	12 x 7	8 x 12	12 x 2	10 x 12	7 x 12	12 x 6
12 x 7	8 x 12	12 x 3	12 x 6	8 x 12	12 x 7	11 x 12
12 x 5	12 x 7	8 x 12	12 x 9	12 x 10	4 x 12	12 x 6
12 x 8	3 x 12	12 x 7	12 x 9	12 x 8	12 x 2	12 x 10
11 x 12	12 x 4	12 x 8	12 x 9	12 x 10	12 x 5	12 x 7

YOU = AMAZING!

11	12	12	12	11	12	12
x 12	x 3	x 8	x 5	x 12	x 6	x 2

12	12	8	12	10	7	12
x 6	x 7	x 12	x 2	x 12	x 12	x 6

12	8	12	12	8	12	11
x 7	x 12	x 3	x 6	x 12	x 7	x 12

12	12	8	12	12	4	12
x 5	x 7	x 12	x 9	x 10	x 12	x 6

12	8	12	12	8	12	11
x 7	x 12	x 3	x 6	x 12	x 7	x 12

12	12	8	12	12	4	12
x 5	x 7	x 12	x 9	x 10	x 12	x 6

12	3	12	12	12	12	12
x 8	x 12	x 7	x 9	x 8	x 2	x 10

11	12	12	12	12	12	12
x 12	x 4	x 8	x 9	x 10	x 5	x 7

Keep going! >>>

Time: _____

12 x 3	12 x 4	8 x 12	12 x 5	10 x 12	5 x 12	12 x 6
12 x 8	5 x 12	12 x 7	12 x 9	12 x 4	12 x 2	5 x 12
11 x 12	12 x 3	12 x 8	12 x 5	11 x 12	12 x 6	12 x 2
12 x 6	12 x 7	8 x 12	12 x 2	10 x 12	7 x 12	12 x 6
12 x 7	8 x 12	12 x 3	12 x 6	8 x 12	12 x 7	11 x 12
12 x 5	12 x 7	8 x 12	12 x 9	12 x 10	4 x 12	12 x 6
12 x 8	3 x 12	12 x 7	12 x 9	12 x 8	12 x 2	12 x 10
11 x 12	12 x 4	12 x 8	12 x 9	12 x 10	12 x 5	12 x 7

YOU = AMAZING!

Time: _____

You are AWESOME!

11	12	12	12	11	12	12
x 12	x 3	x 8	x 5	x 12	x 6	x 2

12	12	8	12	10	7	12
x 6	x 7	x 12	x 2	x 12	x 12	x 6

12	8	12	12	8	12	11
x 7	x 12	x 3	x 6	x 12	x 7	x 12

12	12	8	12	12	4	12
x 5	x 7	x 12	x 9	x 10	x 12	x 6

12	8	12	12	8	12	11
x 7	x 12	x 3	x 6	x 12	x 7	x 12

12	12	8	12	12	4	12
x 5	x 7	x 12	x 9	x 10	x 12	x 6

12	3	12	12	12	12	12
x 8	x 12	x 7	x 9	x 8	x 2	x 10

11	12	12	12	12	12	12
x 12	x 4	x 8	x 9	x 10	x 5	x 7

EXCELLENT WORK!   You are a Multiplication Master!